土木工程专业课程设计指导书

（房屋建筑学、混凝土结构）

（第 2 版）

贾莉莉　叶　倩　黄慎江　李小龙　王　益 编

合肥工业大学出版社

图书在版编目(CIP)数据

土木工程专业课程设计指导书．房屋建筑学　混凝土结构/贾莉莉,叶倩,黄慎江等编．
—2版．—合肥:合肥工业大学出版社,2015.2(2016.1重印)
ISBN 978-7-5650-1864-0

Ⅰ.①土⋯　Ⅱ.①贾⋯②叶⋯　Ⅲ.①土木工程—课程设计—高等学校—教学参考资料
②房屋建筑学—课程设计—高等学校—教学参考资料③混凝土结构—课程设计—高等学校—
教学参考资料　Ⅳ.①TU-41

中国版本图书馆 CIP 数据核字(2015)第 128511 号

土木工程专业课程设计指导书
（房屋建筑学、混凝土结构）
（第 2 版）

贾莉莉　叶　倩　黄慎江　等编　　　　　　　责任编辑　陆向军

出　版	合肥工业大学出版社	版　次	2008 年 1 月第 1 版
地　址	合肥市屯溪路 193 号		2015 年 2 月第 2 版
邮　编	230009	印　次	2016 年 1 月第 4 次印刷
电　话	综合编辑部:0551-62903028	开　本	787 毫米×1092 毫米　1/16
	市场营销部:0551-62903198	印　张	16.75　字　数　400 千字
网　址	www.hfutpress.com.cn	印　刷	合肥星光印务有限责任公司
E-mail	hfutpress@163.com	发　行	全国新华书店

ISBN 978-7-5650-1864-0　　　　　　　　　　　　定价：34.00 元

第 2 版说明

　　《土木工程专业课程设计指导书》自 2008 年 1 月初版以来,承蒙学术届同行和广大读者的厚爱,已有多家高校采用此书作为土木工程类本科生和专科生的教材,使本书的发行量迅速增加。虽然如此,本书出版使用以来的实践表明仍存在许多不足之处。为了保证本书的先进性和实用性,进行修订是十分必要的。

　　第 2 版时,根据国家建设工程领域相关规范的更新以及新材料、新技术的发展应用,在第 1 版基础上进行了全面修订。主要修订内容:新增办公楼设计指导,外墙保温系统构造,依据新版《建筑设计防火规范》(GB50016—2014)、新版《无障碍设计规范》(GB50763—2012)、新版《建筑工程面积计算规范》(GB/T50353—2013)、新版《中小学校设计规范》(GB50099—2011)、新版《屋面工程技术规范》(GB50345—2012)、新版《混凝土结构设计规范》(GB50010—2010)和《建筑抗震设计规范》(GB50011—2010)要求修订了相关内容,同时全面修改和调整了计算例题。

　　在修订过程中,土木工程专业本科生程曦同学、硕士研究生周新潮、刘海龙参与了新增及修订的部分插图工作。

　　本书虽经认真修订、补充和校正,但由于编者的理论水平、知识的深广度之限,难免存在缺点和错误,真诚希望广大读者批评指正。

编　者

2015 年 1 月于合肥工业大学

前　　言

　　土木工程专业房屋建筑学、混凝土结构的课程设计是本科教学计划中一个重要环节,旨在帮助学生消化和巩固所学教材内容,培养学生实际设计能力,是保证专业课程教学效果的重要手段,也是考核学生课程成绩的重要依据。然而,在实际教学过程中,由于缺少综合精练的指导书,师生常为寻找不到合适的参考资料或图集而深感不便。为此,我们总结了课程教学的实践经验,将课程设计任务书、课程设计指导及规范、实例汇编一册,既补充了教材中提及但未细述的设计环节,又为学生提供了较为广泛的规范、图表及设计实例,便于学生学习。

　　本书由两大部分组成,第一部分(第1章、第2章、第3章)是房屋建筑学课程设计指导书,主要介绍几种常见民用建筑设计的建筑功能组成、结构形式、造型、节点等,概述国家现行的建筑设计规范,并通过设计任务书及设计实例表述该课程设计的要求及设计要达到的深度;第二部分(第4章、第5章)为混凝土结构课程设计指导书,包括钢筋混凝土肋梁楼盖结构设计和单层厂房排架体系结构设计两部分,主要介绍了混凝土结构计算、设计及施工图绘制,通过设计任务书、设计指导和设计例题表述了课程设计的要求及设计要达到的深度,并附有常用图表,便于查阅。

　　本书共5章,第1、2、3章由贾莉莉编写,第4、5章由叶倩编写。硕士研究生王伟佳、吴杨参与了第4、5章设计例题的计算和绘图工作。

　　在本书编写的过程中,得到了合肥工业大学教务处、合肥工业大学土木建筑工程学院、合肥工业大学出版社的支持和帮助。借本书出版之际,作者谨向上述部门、单位表示衷心的感谢。

　　由于编者水平和条件的限制,难免挂一漏万,恳请读者批评指正。

编　者
2008 年元月

目　　录

第一部分　房屋建筑学课程设计

第 1 章　设计指导

1.1　中小学教学楼设计指导 / 1

1.2　住宅设计指导 / 25

1.3　幼儿园设计指导 / 50

1.4　宿舍设计指导 / 61

1.5　办公楼设计指导 / 68

1.6　建筑构造设计指导 / 77

第 2 章　建筑设计规范概述

2.1　《民用建筑设计通则》(GB 50352—2005)概述 / 92

2.2　《建筑设计防火规范》(GB 50016—2014)概述 / 97

2.3　《无障碍设计规范》(GB 50763—2012)概述 / 101

2.4　《建筑工程面积计算规范》(GB/T 50353—2013)概述 / 106

第 3 章　实例

实例一　外廊式小学教学楼 / 109

实例二　多层单元式住宅 / 119

实例三　低层联排式住宅 / 129

实例四　框架结构幼儿园 / 139

实例五　内廊式宿舍 / 148

实例六　内廊式办公楼 / 156

第二部分 混凝土结构课程设计

第 4 章 钢筋混凝土肋梁楼盖课程设计

4.1 课程设计任务书 / 166

4.2 课程设计指导 / 168

4.3 单向板肋梁楼盖设计例题 / 185

4.4 双向板肋梁楼盖设计例题 / 196

第 5 章 钢筋混凝土排架结构体系课程设计

5.1 单层厂房排架结构体系课程设计任务书 / 199

5.2 单层厂房排架结构设计指导 / 200

5.3 单层工业厂房排架结构设计例题 / 220

附 表

附表 1 双向板按弹性分析的计算系数表 / 245

附表 2 等截面等跨连续梁在常用荷载作用下的内力系数表 / 248

附表 3 单阶变截面柱的柱顶位移系数 C_0 和反力系数($C_1 \sim C_{11}$) / 258

参考文献 / 259

第一部分　房屋建筑学课程设计

第 1 章　设计指导

1.1　中小学教学楼设计指导

1.1.1　学校规模及班级人数

我国现阶段实行九年义务教育制,小学一般设 6 个年级的完全小学,以 12～24 班的规模为宜。中学有两种形式:一种为初高中结合的完全中学,另一种是只设初中班或高中班的不完全中学。中学的规模以 18～24 班为宜,大中城市人口密集地区,可设规模 45 班以上的中学。为保证教学质量,中小学校的每班人数不宜太多,完全小学应为每班 45 人,完全中学应为每班 50 人。

1.1.2　校址选择及总平面布局

1. 校址选择的基本条件

(1)有充足的日照、采光及通风条件;

(2)避免交通和工业噪声干扰;

(3)避开生物、物理、化学污染源及危险场所;

(4)避开影响学生身心健康的精神污染源;

(5)应位于交通较为方便、学生就学路线便捷的地方,满足服务半径的要求;

(6)应设在地势较高、排水通畅的地段,校内应有布置运动场地的条件;

(7)应有齐备的城市公用设施。

2. 用地组成

根据学校的使用要求,中小学用地包括建筑用地、体育用地、绿化用地、道路及广场、停车场用地等。

(1)建筑用地

包括教室、实验室、办公室、辅助用房、建筑物周围通道、房前屋后的零星绿地、小片课间活动场地、停车场地等。建筑用地面积一般占学校用地面积的 40%～50%;校内道路按消防要求,一般宽度不小于 2m,车行道宽度不小于 3.50m,双车道不宜超过 7m。建筑物应与界墙保持一定距离,满足消防通行和建筑间距要求,如日照间距、防火间距等。

(2)体育用地

包括课间操、球类、田径、器械用地,是全校师生体育活动、集会等活动场所。其中,课间操用地:小学不小于 2.88m²/每生;中学不小于 3.88m²/每生;篮、排球场每 6 班设一个,根据条件设足球场或小足球场;中学宜设置 250~400m 环形跑道(附 100m 直跑道)的田径场一个;小学宜设置 200m 环形跑道(附 60m 直跑道)的田径场一个,长轴均以南北向为宜。此外,还应设置一定数量的器械用地。

(3)绿化用地

结合中小学校的生物课、自然课教学,为开展课外科学小组活动而设置,包括成片绿地,种植、饲养、天文和气象观测等用地,根据学校规模适当设置。

(4)道路及广场、停车场用地

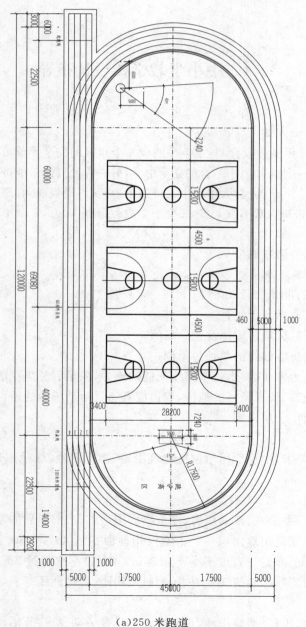

(a)250 米跑道

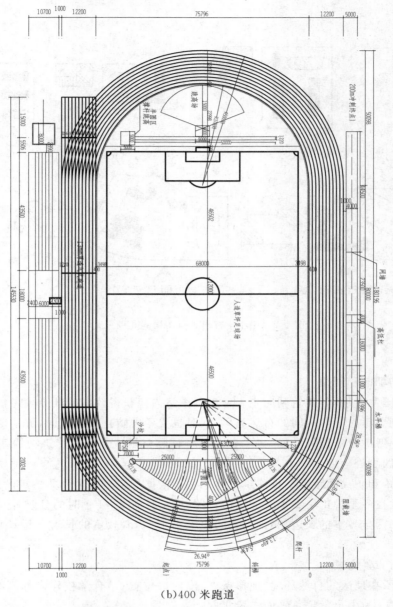

(b)400 米跑道

图 1.1　中小学常用的田径运动场地

3.学校总平面布局

重点处理几个关系:总平面设计与单体建筑的关系;教学楼与体育活动场地的关系;教学楼的基本体型、位置、朝向和出入口的相对关系等。

(1)学校出入口设计

应设于靠近主要干道的小巷内或次要街道上,交通方便,上下学不需跨越主要道路,行走安全;学生能直接到达教学楼,不应横跨体育场地及绿化区;有利于学校总平面的合理布局及功能分区,能以简短的道路连通校园内各部分。

图 1.2 为中小学出入口布局的几种方式。

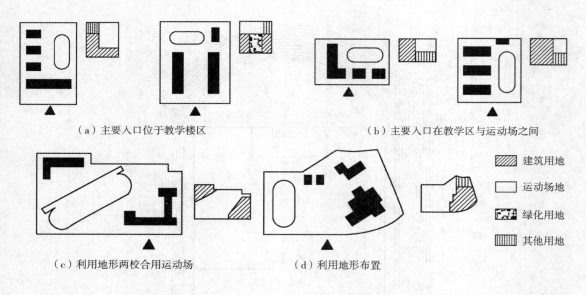

（a）主要入口位于教学楼区　　　　　　　　　（b）主要入口在教学区与运动场之间

建筑用地
运动场地
绿化用地
其他用地

（c）利用地形两校合用运动场　　　　　　　（d）利用地形布置

图 1.2　中小学校出入口布局的几种方式

（2）建筑的朝向和间距

①对于我国北方地区，建筑朝向主要考虑冬季室内应获得较多的日照时间和日照面积；夏季炎热地区，则要考虑争取房间的自然通风，同时也要考虑防止太阳直射，防止夏季暴雨袭击；中部地区，既要考虑夏季通风顺畅，也要考虑冬季日照充足。学校内建筑物的朝向宜为南向、南偏东或南偏西少许角度。

②日照间距和防火间距是学校建筑设计中主要依据。除了满足公共建筑设计中的规范要求外，还应满足在冬至日正午 1 小时的满窗日照，或全日有 3～4 小时的日照时间。此外，为防止视线干扰，当两排教室的长边相对时，其间距不小于 25m，教室的长边与运动场的间距不小于 25m 等。

（3）总平面布置方式

根据学校所在地区的自然环境、地形条件、出入口位置，结合学校建设的基本要求进行总平面布置，图 1.3 为中小学校总平面布置实例。

1.1.3　教学用房平面设计

教学楼是由教学部分、办公部分和辅助部分组成。教学部分一般包括若干个普通教室、专用教室（实验室、音乐教室等）、图书阅览室、科技活动室等；办公部分包括行政办公室、教师办公室等；辅助部分包括交通联系、厕所、储藏室等。表 1.1 和表 1.2 是主要教学及辅助用房使用面积指标。设计时除了要遵守国家有关定额、指标、规范和标准外，还应结合总体环境的规划要求，对以上各部分房间组合等进行充分考虑，恰当处理好功能、技术与艺术三者的关系。

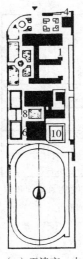

（a）天津市一中

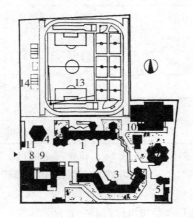

（b）北京市四中

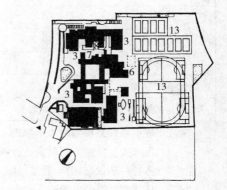

（c）英国美地安娜中学

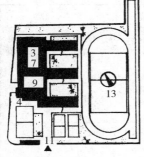

（d）上海市建青中学

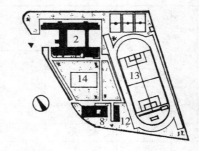

（e）深圳市怡景中学

1 教 室 楼	8 食堂礼堂
2 教 学 楼	9 行政办公
3 科 技 楼	10 游泳馆池
4 阶梯教室	11 传 达 室
5 音乐教室	12 生活用房
6 风雨操场	13 运 动 场
7 阅 览 室	14 绿化用地

图 1.3　中小学校总平面布置实例

表 1.1　主要教学用房的使用面积指标（m²/每座）

房间名称	小 学	中 学	备 注
普通教室	1.36	1.39	—
科学教室	1.78	—	—
实验室	—	1.92	—
综合实验室	—	2.88	—
演示实验室	—	1.44	若容纳 2 个班,则指标为 1.20
史地教室	—	1.92	—
计算机教室	2.00	1.92	—
语言教室	2.00	1.92	—
美术教室	2.00	1.92	—
书法教室	2.00	1.92	—
音乐教室	1.70	1.64	—

房间名称	小　学	中　学	备　注
舞蹈教室	2.14	3.15	宜和体操教室共用
合班教室	0.89	0.90	—
学生阅览室	1.80	1.90	—
教师阅览室	2.30	2.30	—
视听阅览室	1.80	2.00	—
报刊阅览室	1.80	2.30	可不集中设置

注：1　表中指标是按完全小学每班45人、各类中学每班50人排布测定的每个学生所需使用面积；如果班级人数定额不同时需进行调整，但学生的全部座位均必须在"黑板可视线"范围以内；

　　2　体育建筑设施、劳动教室、技术教室、心理咨询室未列入此表，另行规定；

　　3　任课教师办公室未列入此表，应按每位教师使用面积不小于 $5m^2$ 计算。

表 1.2　主要教学辅助用房的使用面积指标（m^2/每间）

房间名称	小　学	中　学	备　注
普通教室教师休息室	3.50	3.50	指标为使用面积/每位使用教师
实验员室	12.00	12.00	
仪器室	18.00	24.00	
药品室	18.00	24.00	—
准备室	18.00	24.00	
标本陈列室	42.00	42.00	可陈列在能封闭管理的走道内
历史资料室	12.00	12.00	
地理资料室	12.00	12.00	
计算机教室资料室	24.00	24.00	—
语言教室资料室	24.00	24.00	
美术教室教具室	24.00	24.00	可将部分教具置于美术教室内
乐器室	24.00	24.00	—
舞蹈教室更衣室	12.00	12.00	

注：除注明者外，指标为每室最小面积。当部分功能能移入走道或教室时，指标作相应调整。

1. 普通教室设计

教室设计应有足够的面积、合理的形状及尺寸；视听良好，采光均匀；结构简单，施工方便。

（1）教室的面积

取决于教室容纳的人数、活动特点以及课桌椅的尺寸和布置等因素。

（2）教室布置与相关尺寸

教室的布置应满足学生的视听及书写要求，并便于通行及就座。为避免前排学生近视或粉笔灰尘对学生健康的影响，第一排课桌前沿与黑板的水平距离不宜小于 2.20m；为保证最后一排座位同学在正常照度下看清黑板字迹，最后排课桌后沿与黑板的水平距离：小学不宜大于8m，中学不宜大于9m；普通教室内应为每个学生教室课桌椅布置及相关尺寸参见图 1.4。

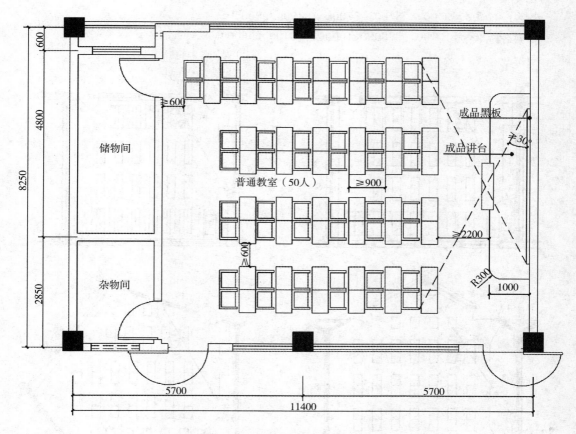

图 1.4 教室课桌椅布置及相关尺寸

为避免眩光影响，前排边座学生与黑板远端形成的水平视角不应小于 30°；为保证前排同学看黑板自然、舒适，第一排学生看黑板顶端视线与黑板所夹垂直视角应不小于 45°，如图 1.5 所示。

(3)教室的平面形状及尺寸

确定教室的平面形状，除了应满足视听要求外，还需综合考虑采光、通风组织以及结构形式等方面的问题。常见的平面形状有：矩形、方形和多边形等，如图 1.6 所示。矩形平面便于家具布置、平面组合，结构简单，有利于建筑构件标准化。

矩形平面的长宽比例以不超过 1：2。根据桌椅的排列方式不同，常用平面轴线尺寸可采用：

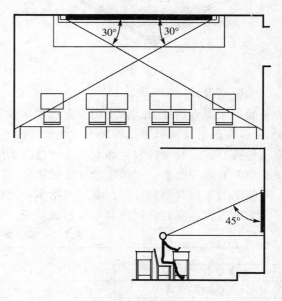

图 1.5 教室座位的视角

小学：7500×9000，　8700×8700，　8400×9000

中学：7200×10400，　7800×10000，　8400×9600

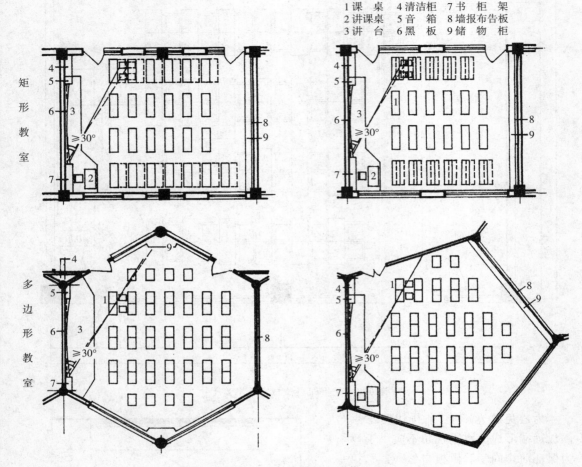

图 1.6　教室的平面形状

2.实验室设计

实验室主要有物理、化学、生物和自然课实验室等。物理、化学实验室可分为边讲边试实验室、分组实验室及演示室三种类型。生物实验室可分为显微镜实验室、生物解剖实验室及演示室三种类型。实验室的数量和大小主要取决于学校规模、使用人数、家具设备形状和尺寸以及设备布置方式等因素。中学实验室的教室面积为 70～90m²。

实验室的桌椅类型和排列布置应根据实验内容及教学模式确定。表 1.3 为实验桌平面尺寸。图 1.7 为实验室的常用家具布置形式及尺寸。

表 1.3　实验桌平面尺寸

类　别	长　度（m）	宽　度（m）
双人单侧实验桌	1.20	0.60
四人单侧实验桌	1.50	0.90
岛式实验桌（6人）	1.80	1.25
气垫导轨实验桌	1.50	0.60
教学演示桌	2.40	0.70

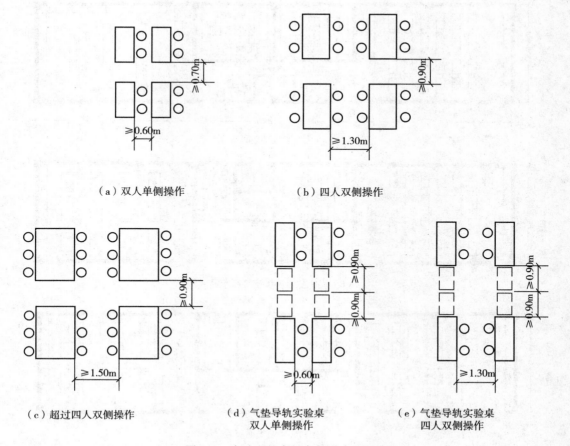

（a）双人单侧操作　　　　　　　　（b）四人双侧操作

（c）超过四人双侧操作　　　　　（d）气垫导轨实验桌　　　　　（e）气垫导轨实验桌
　　　　　　　　　　　　　　　　　双人单侧操作　　　　　　　　四人双侧操作

图 1.7　实验室的家具布置形式及尺寸

与普通教室一样,实验室的布置也应满足学生的实验操作及视听要求,并便于通行及就座。最前排实验桌的前沿与前方黑板的水平距离不宜小于 2500mm;最后排实验桌的后沿与前方黑板之间的水平距离不宜大于 11000mm;最后排座椅之后应设横向疏散走道,自最后排实验桌后沿至后墙面或固定家具的净距不应小于 1200mm;沿墙布置的实验桌端部与墙面或壁柱、管道等墙面突出物间宜留出疏散走道,净宽不宜小于 600mm;另一侧有纵向走道的实验桌端部与墙面或壁柱、管道等墙面突出物间可不留走道,但净距不宜小于 150mm;前排边座座椅与黑板远端的最小水平视角不应小于 30°。

各种实验室均应附设仪器室、实验员室及准备室。实验室及其附属用房除应考虑适宜的朝向、良好的通风外,还应该根据不同的功能要求,合理布置单元平面及给水排水、供电、排风系统、煤气管道以及黑板、讲台、荧幕挂钩,挂镜线、地漏、事故紧急冲洗嘴、实验桌局部照明等设施,并应考虑其安全措施。图 1.8 为几种实验室的布置实例。

（1）化学实验室

化学实验室宜设在建筑物首层,并应附设药品室,化学实验室、化学药品室的朝向不宜朝西或西南。

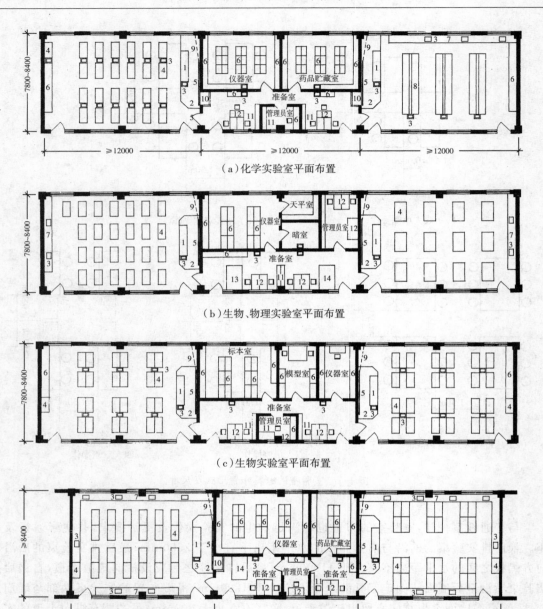

（a）化学实验室平面布置

（b）生物、物理实验室平面布置

（c）生物实验室平面布置

（d）化学、物理、生物实验室平面布置

1 教师演示桌　3 水　　盆　5 黑板　7 周边实验台　9 幻灯银幕　11 书架　13 工作台
2 讲　　台　4 学生实验桌　6 柜　子　8 岛式实验台　10 毒气柜　12 教师桌　14 准备桌

图 1.8　实验室布置实例

（2）物理实验室

当学校配置 2 个及以上物理实验室时，其中 1 个应为力学实验室。光学、热学、声学、电学等实验可共用同一实验室，并应配置各实验所需的设备和设施。

（3）生物实验室

生物实验室除了应附设仪器室、实验员室及准备室外，还应附设药品室、标本陈列室、标本储藏室,宜附设模型室,并宜在附近附设植物培养室,在校园下风方向附设种植园及小动物饲养园。标本陈列室与标本储藏室宜合并设置,实验员室、仪器室、模型室可合并设置。当学校有 2 个生物实验室时,生物显微镜观察实验室和解剖实验室宜分别设置。实验室内应配置各实验所需的设备和设施。

3. 音乐教室设计

中小学音乐教室设计可与普通教室相同,但应设置五线谱黑板,且讲台上应有布置教师用琴的位置。若考虑兼有文娱排练和其他用途时,教室面积可适当加大。一般情况下音乐教室宜设计成一间较大的音乐欣赏室(考虑音响设计),并附设乐器室,两者紧密相连,并设门相通,面积相当实验室大小,通常为 $70 \sim 75 m^2$。

由于小学低年级音乐课程内容有唱游(即边唱边舞)课,故各类小学的音乐教室中,应有 1 间能容纳 1 个班的唱游课,每生边唱边舞所占面积不应小于 $2.40 m^2$(完全小学游唱区面积$\geqslant 108 m^2$,非完全小学游唱区面积$\geqslant 72 m^2$)。

中小学校还应有 1 间音乐教室能满足合唱课教学的要求,宜在紧接后墙或侧墙处设置 2 排~3 排阶梯式合唱台,每级高度宜为 200mm,宽度宜为 600mm。

教学楼内的音乐教室最好设置在尽端或顶层,并将窗子开向不干扰其他房间的方向。当条件允许时最好把音乐教室单独设置,与教学区分开。音乐教室的平面形式常设计成三角形、多边形、扇形、正方形等几种。为改善室内的声环境,常把音乐教室的墙面、顶棚装修成波形反射面和适当的吸声面,并应对门窗做隔声处理。图 1.9 为几种音乐教室的布置实例。

4. 语言教室设计

语言教室的位置,应选择在教学楼中安静并便于管理和使用的地方。语言教室的容量应按一个班人数设计,其面积大小应按教室的使用人数、学习桌尺寸、座位布置形式及学生就座方便程度等因素确定。语言教室的座位布置近似普通教室,座位布置应便于学生就座及离座,以采用双人连桌且两侧有纵向过道为宜,当条件不足时,也可采用 3 人或 4 人连桌的布置形式。语言教室应设置控制台,控制台可设于教室的讲台上或独立的控制室内。语言教室的楼地面一般宜采用架空地板,若不架空时,应铺设可敷设电缆槽的地面垫层,设计时需注意可能引起的地面标高的变化。图 1.10 为几种语言教室的布置实例。

5. 微型计算机教室设计

微型计算机教室应附设一间辅助用房供管理员工作及存放资料。教室内的座位数按一个标准班人数设计,计算机台的布置应便于学生操作及教师指导,可平行于黑板排列,也可顺侧墙及后墙向黑板成半围合式排列。为避免眩光,座位应垂直于采光窗,当座位平行于采光窗布置时,设遮光窗帘和有光栅的灯具。为减少粉尘,计算机教室应设置书写白板。计算机教室宜配置空调设施,室内装修应采取防潮、防静电措施,并宜采用防静电架空地板,不得采用无导出静电功能的木地板或塑料地板,当采用地板采暖系统时,楼地面需采用与之相适应的材料及构造做法,同时需注意可能引起的地面标高的变化。图 1.11 为几种微型计算机教室的布置实例。

6. 合班教室设计

合班教室是供 2 个班以上或全年级上合班课的教室,也可兼作视听教室或集会使用。各类小学宜配置能容纳 2 个班的合班教室,各类中学宜配置能容纳一个年级或半个年级的合班教室。其平面形式一般有矩形、方形、多边形、扇形等,如图 1.12 所示。

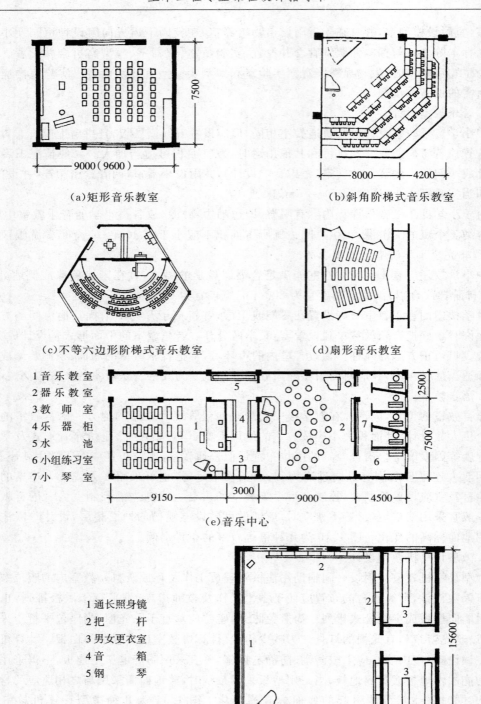

(a)矩形音乐教室　　　　　　　　　(b)斜角阶梯式音乐教室

(c)不等六边形阶梯式音乐教室　　　　(d)扇形音乐教室

1 音 乐 教 室
2 器 乐 教 室
3 教 师 室
4 乐 器 柜
5 水 　 池
6 小组练习室
7 小 琴 室

(e)音乐中心

1 通长照身镜
2 把 　 杆
3 男女更衣室
4 音 　 箱
5 钢 　 琴

(f)舞蹈教室

图 1.9　音乐教室(舞蹈教室)布置实例

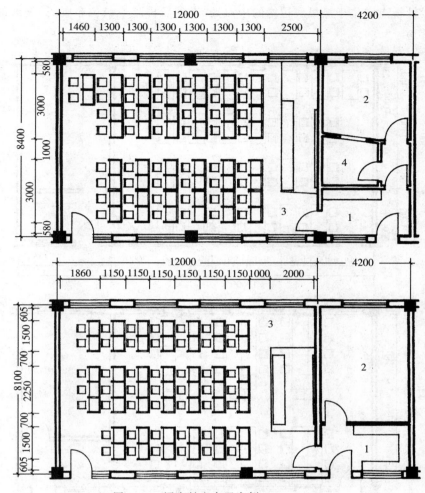

图 1.10　语言教室布置实例

1 换鞋处
2 控制室
3 教　室
4 储物间

合班教室的布置通常应满足以下要求：

（1）教室的课桌椅宜采用固定式，座椅宜采用翻板椅。当小学合班教室兼用于唱游课时，室内不应设置固定课桌椅，并应附设课桌椅存放空间。

（2）每个座位的宽度不应小于 550mm，小学座位排距不应小于 850mm，中学座位排距不应小于 900mm；

（3）教室最前排座椅前沿与前方黑板间的水平距离不应小于 2500mm，最后排座椅的前沿与前方黑板间的水平距离不应大于 18000mm；

（4）纵向、横向走道宽度均不应小于 900mm，当座位区内有贯通的纵向走道时，若设置靠墙纵向走道，靠墙走道宽度可小于 900mm，但不应小于 600mm；

（5）最后排座位之后应设宽度不小于 600mm 的横向疏散走道；

（6）前排边座座椅与黑板远端间的水平视角不应小于 30°。

容纳 3 个班及以上的合班教室应设计为阶梯教室。为了保证每排座位不被遮挡，对于容纳 200 人以下的教室，可做成阶梯教室，一般前 3～5 排可做成平地，后部可按每 2 排升高 1 阶，每阶可升高 80～100mm，如图 1.13 所示。容纳 200 人以上的教室，梯级高度宜经过计算确定,设计视点定位于黑板底边缘的中点处,当前后排座位错位布置时,视线的隔排升高值宜为 120mm。

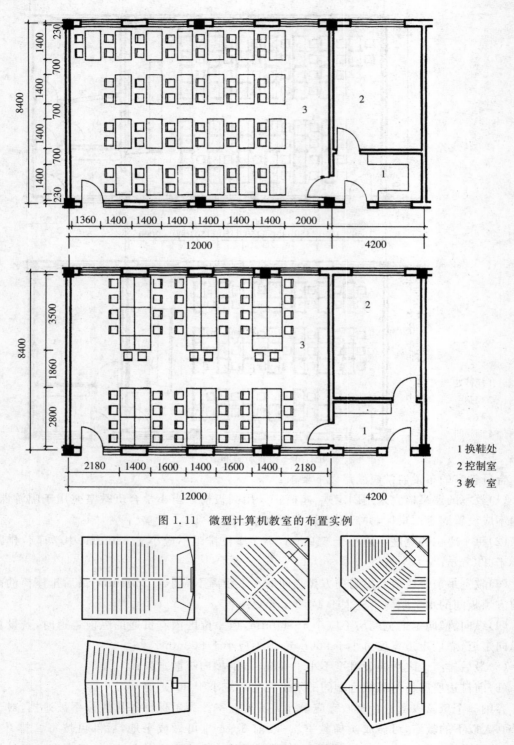

图 1.11　微型计算机教室的布置实例

1 换鞋处
2 控制室
3 教　室

图 1.12　合班教室的平面形状

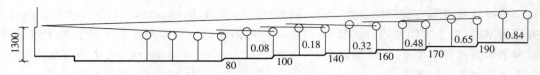

图 1.13　合班教室台阶升起设计

合班教室宜附设 1 间辅助用房,储存常用教学器材。当合班教室内设置视听教学器材时,宜在前墙安装推拉黑板和投影屏幕(或数字化智能屏幕)。图 1.14 为几种合班教室的布置实例。

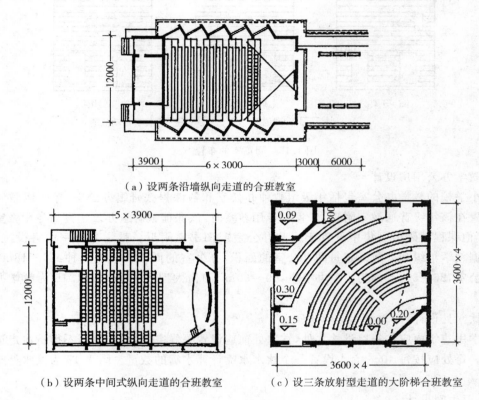

(a)设两条沿墙纵向走道的合班教室

(b)设两条中间式纵向走道的合班教室　　　(c)设三条放射型走道的大阶梯合班教室

图 1.14　合班教室布置实例

7.图书室设计

中小学校图书室应包括学生阅览室、教师阅览室、图书杂志及报纸阅览室、视听阅览室、检录及借书空间、书库、登录、编目及整修工作室,并可附设会议室和交流空间。图书室应位于学生出入方便、环境安静的区域,如考虑设置在教学楼的僻静角落或顶层。教师与学生的阅览室宜分开设置,报刊阅览室可以独立设置,也可以在图书室内的公共交流空间设报刊架,开架阅览。视听阅览室是各类学校图书室必须设置的阅览室,宜附设资料储藏室,使用面积不宜小于 12m²。在规模较小的学校中,为提高房间利用率,视听阅览室可兼作为计算机教室、语言教室等教室使用。

教师阅览室座位数宜为全校教师人数的 1/3,一般每座为 2.30m²。学生阅览座位数:小学宜为全校学生人数的 1/20,中学宜为全校学生人数的 1/12。每个学生座位所占面积:小学为 1.80m²,中学为 1.90m²(中学视听阅览室为 2m²,中学报刊阅览室为 2.30m²)。

书库设计要求具有良好的采光、通风、防潮、防火、降温、隔热、防虫及防鼠等条件。为避免阳光直射室内,窗子宜朝北,其他朝向的窗应增设遮阳设施。书库的面积主要取决于藏书量,中学藏书量宜按每学生 30～40 册计算,开架藏书量为 400～500 册/m^2,闭架藏书量为 500～600 册/m^2,密集书架藏书量为 800～1200 册/m^2。图 1.15 为几种阅览室的布置实例。

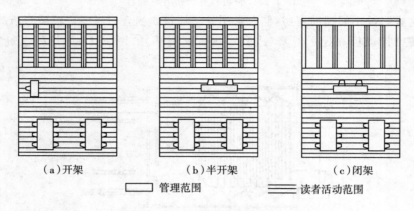

（a）开架　　　　　　　　（b）半开架　　　　　　　　（c）闭架

▭ 管理范围　　　　　　　▤ 读者活动范围

图 1.15　阅览室的布置方式

8.教学办公用房设计

中小学校的教学办公室包括年级组教师办公室和各课程教研组办公室,年级组教师办公室宜设置在该年级普通教室附近,课程有专用教室时,该课程教研组办公室宜与专用教室成组设置,其他课程教研组可集中设置于行政办公室或图书室附近。教学办公室内宜设洗手盆。一般根据教学组织和人数确定每间办公室的面积,办公室的面积一般有三种:16～18m^2 的为小型办公室,26～30m^2 的为中型办公室,40～60m^2 的为大型办公室。图 1.16 为教学办公室的布置。

9.饮水处设计

教学用建筑内应在每层设饮水处,饮水处前应设置等候空间,等候空间不得挤占走道等疏散空间。每处应按每 40～45 人设置一个饮水水嘴计算水嘴的数量。图 1.17 为饮水处布置方式。

10.卫生间设计

学生使用厕所多集中在课间休息时,因此必须有足够数量的设备,一般中小学男女生比例按各为一半计算。男生应至少为每 40 人设 1 个大便器或 1.20m 长大便槽,每 20 人设 1 个小便斗或 0.60m 长小便槽;女生应至少为每 13 人设 1 个大便器或 1.20m 长大便槽。男女生每 40～45 人设 1 个洗手盆或 0.60m 长盥洗槽。

教学楼内每层均应分设男、女学生卫生间及男、女教师卫生间,一般可设在教学办公用房附近,当每层学生少于 3 个班时,男、女生卫生间可隔层设置。卫生间应有自然采光和通风,位置既要方便使用,又应当尽可能隐蔽,通常位于走廊的尽端及两排楼中间的连接处等,如图 1.18所示。卫生间应设有前室,并设置双重门,前室的深度一般不小于 1500～2000mm,门的位置和开启方向要注意既要遮挡外面视线,又不宜过于曲折,在前室内还应考虑布置洗手盆和洗涤池。卫生间地坪标高一般比其他地面低 20～30mm,并应设地漏。图 1.19 是卫生间布置的基本尺寸。

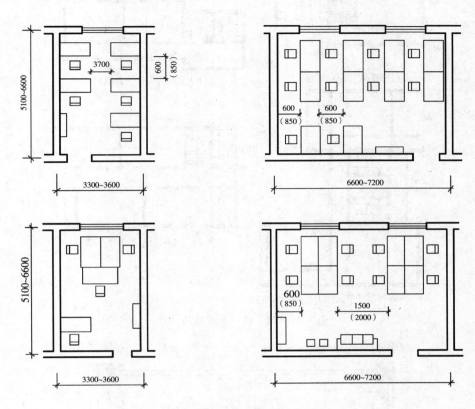

图 1.16　教学办公室的布置

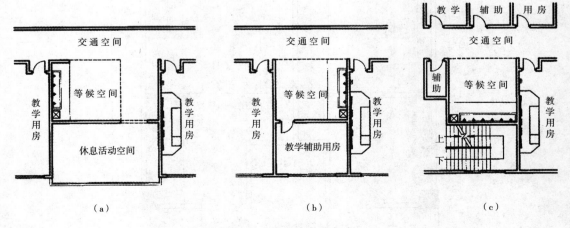

图 1.17　饮水处布置方式

（a）卫生间与阳台结合　　　　　　（b）卫生间与饮水处结合

（d）卫生间设于教学楼尽端

（c）两排教学楼中间设卫生间和饮水处

图 1.18　教学楼内卫生间的位置

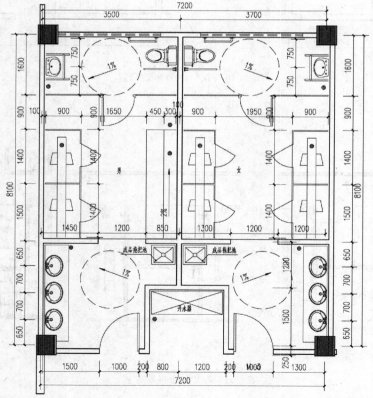

图 1.19　卫生间布置的基本尺寸

1.1.4　交通联系部分设计

1.门厅

门厅是教学楼接纳、分配人流的交通枢纽,面积应根据学校规模、面积标准等因素确定,小学一般为 $0.04\sim0.06m^2/$每生;中学一般为 $0.06\sim0.08m^2/$每生。当教学楼为内廊式时面积宜大些,若为外廊式时其面积可适当小一些,甚至不设门厅。按防火规范的要求,门厅对外出入口的宽度不得小于通向该门的走道、楼梯等疏散宽度的总和。在寒冷地区或门厅朝北时,门厅需要保温、防寒,应在门厅入口处设置深≥1.50m 的门斗,如图1.20 所示。

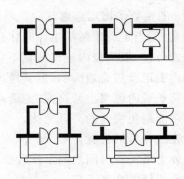

图 1.20　门斗的形式

门厅的布置方式有对称和非对称式两种。对称式有明显的轴线关系,常用于对称的建筑平面中;非对称式平面布置灵活,便于按不同的使用部分组织人流,常位于几个体量的衔接处或主要体量的一端。由于教学楼功能布局的不对称性,其平面形式多为非对称式,图 1.20 是几种常见的门厅形式。

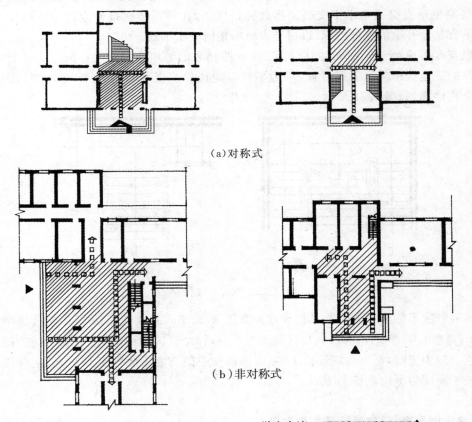

（a）对称式

（b）非对称式

学生人流　　■□■□■□■□■□➡

教师及办公人员人流　□□□□□□□□➡

图 1.21　门厅的形式

2.走道

教学楼走道的宽度和长度除满足公共建筑设计相关规范要求外,应根据教学楼使用要求、人流疏散、门的开启方向和空间处理等因素综合确定。走道宽度最少应为 2 股人流、并按 0.60m 的整数倍增加走道宽度。当房间的门开向走廊时,走道的宽度必须加大,以增加门前的缓冲宽度;当走道兼做学生课间休息活动场所时,宽度应适当扩大。走道的形式有内走道和外走道之分,一般学校内走道净宽不应小于 2.40m;外走道或单侧走道净宽不应小于 1.80m。

内走道节省交通面积,但其通风、采光较差。改进措施有:走道尽端开窗、走道两侧房间门上设亮子或内纵墙上开高窗、走道两侧设开敞式半开敞式房间。为保证走道上的紧急疏散,走道地坪应避免突然的高低变化。当必须设高差时,可做成坡道;若设踏步,不宜少于三级,且应处于光线较好的位置。

外走道使各房间之间干扰较少,通风、采光效果均好,但交通面积相对增加。为保证安全,外走道栏杆的高度不应小于 1.10m,且采用实心栏板或垂直栏杆以避免攀登;为使走道及时排除雨水,走道地面比室内地面略低 20mm,坡度向外。

3.楼梯

教学楼中的楼梯有主要楼梯、辅助楼梯和消防楼梯等。主要楼梯一般与主要出入口相连,位置明显,尽量靠外墙布置,以便直接采光。图 1.22 中可以反映主要楼梯和门厅的关系。在设计时要避免垂直交通与水平交通交接处拥挤堵塞,在各层楼梯口处应设一定的缓冲地带。主楼梯不宜是全开敞的室外楼梯,以避免人流密集时发生事故。

梯段宽度不应小于 1.20m,并应按 0.60m 的整数倍增加梯段宽度。为保证安全,不宜采用有梯井的三跑楼梯或剪刀式楼梯,多为平行双跑楼梯。当开间超过 4500mm 时;多为双分式或双合式楼梯,如图 1.22 所示。

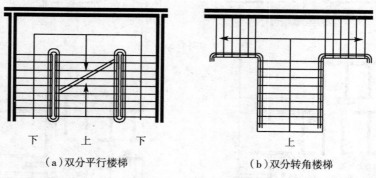

(a)双分平行楼梯　　　　　　(b)双分转角楼梯

图 1.22　双分式楼梯

楼梯的坡度不能大于 30°,小学楼梯踏步宽度 $\geqslant$ 0.26m,高度 $\leqslant$ 0.15m;中学楼梯踏步宽度 $\geqslant$ 0.28m,高度 $\leqslant$ 0.16m,两梯段间梯井宽度 $\leqslant$ 0.11m,大于 0.11m 时,应有安全防护措施。梯段宽度达 3 股人流时,两侧均应设扶手,室内楼梯扶手的高度不应低于 0.90m,室外楼梯扶手和水平扶手高度均不应低于 1.10m。

1.1.5　教学楼层高、门窗设计及结构布置

1.主要教学用房的层高

教室的层高主要根据使用人数、卫生标准、采光通风、结构形式及空间比例等因素来确定。

教学用房内一般每个学生的空气容量为 $3\sim5m^3$，因此，教室的净高一般不小于 3.40m，层高取 $3.60\sim3.90m$ 为宜，见表 1.4 所列。考虑到室间比例关系，教室高度宜为跨度的 $1/1.5\sim1/3$。

表 1.4　主要教学用房的最小净高(m)

教　　室	小　学	初　中	高　中
普通教室、史地、美术、音乐教室	3.00	3.05	3.10
舞蹈教室	4.50		
科学教室、实验室、计算机教室、 劳动教室、技术教室、合班教室	3.10		
阶梯教室	最后一排(楼地面最高处) 距顶棚或上方突出物最小距离为 2.20m		

　　2. 主要教学用房的门窗设计

　　(1)门的设计：每间教学用房的疏散门不应少于 2 个。当教室处于袋形走道尽端时，教室内任一处距教室门不超过 15m，且门净宽≥1.50m 时可设一个门。门的净宽度不应小于 0.90m，高度一般为 2400～2700mm，上部应设置亮子。为保证防火疏散要求，门应向外开启。

　　(2)窗的设计：要有利于采光通风，开启部分应避免正对学生并便于开启。窗内开时，不应影响室内学生听课；窗外开时，应保证擦洗安全。可选用推拉式窗。教室、办公室的窗地面积比一般取 1/4～1/6。对于内廊式组合的教室，一般在教室内纵墙上开设高窗，以改善室内通风并为走廊采光。图 1.23 为教学用房窗的组合方式。

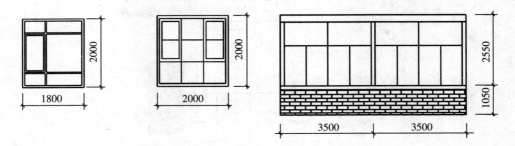

图 1.23　教学用房窗的组合方式

　　3. 教学楼的结构布置

　　中小学校普遍采用钢筋混凝土框架结构，教室的结构布置要求结构简单，安全可靠，符合建筑模数，施工方便和造价经济。由于普通教室、实验室、合班教室及办公室的开间、进深各不同，所以柱网尺寸也相应不同。既要满足使用功能对平面形状的要求，又要求结构布置经济合理，一般柱网尺寸在 5000～10000 之间。如实例一、二所示。

1.1.6　平面组合设计

　　1. 平面组合设计原则

　　(1)主次关系

　　教学楼的教室、实验室等是主要房间，行政、教师办公室、厕所等是次要房间。平面组合设计时，主要房间布置在朝向好、靠近主要出入口，并有良好采光通风条件的位置，次要房间则布置在较差位置。

（2）内外关系

教学楼的行政办公室、后勤管理办公室既要便于对内联系又应便于对外接洽，通常将其与教学区分开设置，一般可设于教学楼的底层，或设于教学楼的一端，或设于两部分教学用房之间的门厅附近等。

（3）动静关系

教学楼中的普通教室和音乐教室、语音教室、合班教室虽同属教学用房，但为避免噪声干扰，需保持适当的距离。一般可将音乐教室组合在教学楼的一端。此外，教室与办公室之间要求联系方便，但为了避免课间学生在走廊上活动时影响教师工作，平面组合时也需适当隔开。

（4）流线组织

教学楼的组合设计应充分考虑人流活动的密集性，人流方向、密度和时间的关系，使教学楼内部各种用房之间交通便捷，光线充足，不仅在人流密集时交通顺畅，又能满足紧急疏散时的要求。

图 1.24 为教学楼平面功能分区示意。

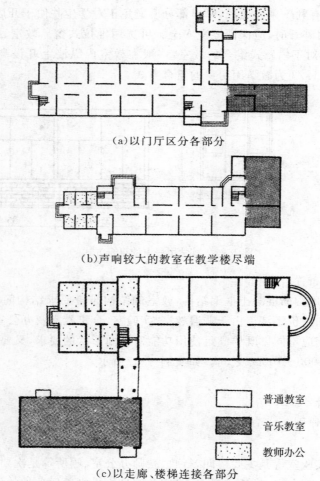

（a）以门厅区分各部分

（b）声响较大的教室在教学楼尽端

普通教室

音乐教室

教师办公

（c）以走廊、楼梯连接各部分

图 1.24　教学楼平面功能分区

2. 平面组合形式

(1)走道式组合

按走道的位置不同分为内廊式、外廊式和内外廊组合式等,如图 1.25 所示。

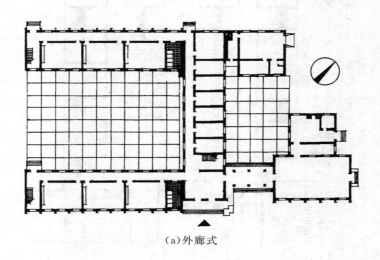

(a)外廊式

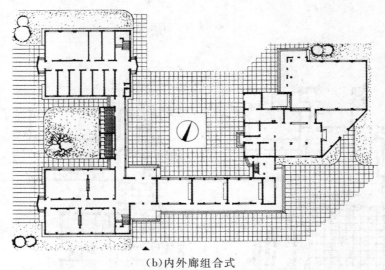

(b)内外廊组合式

图 1.25 走道式平面组合

(2)大厅式或天井式组合

将教学区和办公区围绕一个大厅或天井布置,这种组合具有平面紧凑、联系方便等特点,如图 1.26 所示。

(3)单元式组合

将几间教室合在一起并配备相应辅助房间组成一个独立的整体,再将几个单元用楼梯或走道组合成完整的教学楼,如图 1.27 所示。

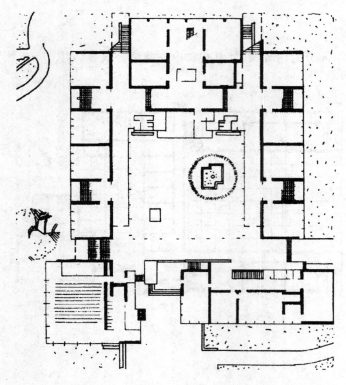

图 1.26　大厅式平面组合

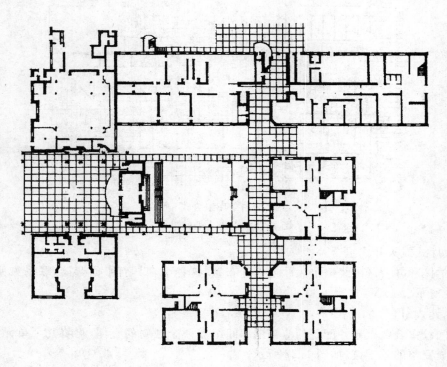

图 1.27　单元式平面组合

1.1.7　教学楼的体型、立面及细节设计

中小学教学楼的体型及立面设计要反映学校的性格与特征,教学楼由于采光要求较高,人流量大,成组排列的窗户和宽敞的入口是其显著的特征,建筑形象应该明朗、轻快、整洁。另外,教学楼的外廊、台阶、坡道也是细节处理的重点。见实例一、二。

1.2　住宅设计指导

住宅设计以当地城市规划、建设条件、居住对象生活要求及家庭结构情况作为设计依据,并要符合住宅设计规范中有关套型、套型比、建筑面积标准、设备标准等。

1.2.1　住宅分类

1. 低层住宅(一至三层)

常见形式有独立式、拼联式等,如图 1.28(a)、(b)所示。

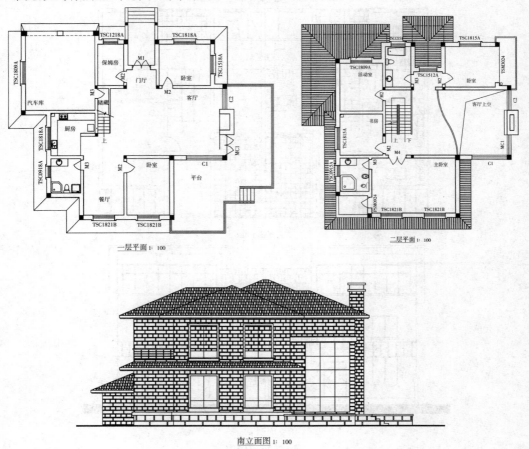

(a)独立式住宅

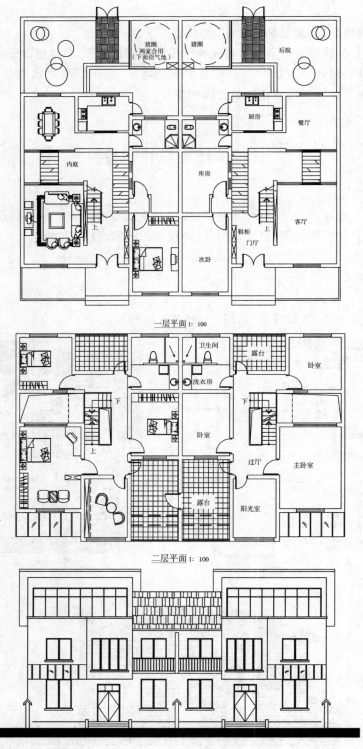

一层平面 1：100

二层平面 1：100

南立面图 1：100

（b）拼联式住宅

图 1.28 低层住宅

2. 多层住宅(四至六层)

常见形式有梯间单元式、通廊式、点式等,如图 1.29(a)、(b)、(c)所示。

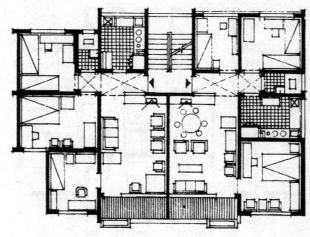

(a)梯间单元式住宅

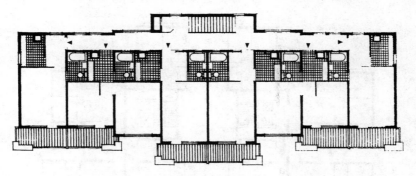

(b)通廊式住宅

(c)点式住宅

图 1.29 多层住宅

3. 高层住宅（高度大于 27m）

常见形式有塔式、组合单元式、通廊式等，如图 1.30(a)、(b)、(c)所示。

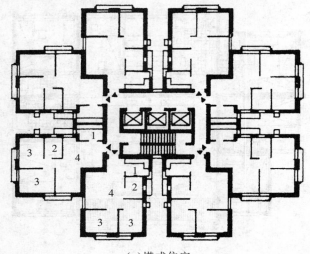

（a）塔式住宅

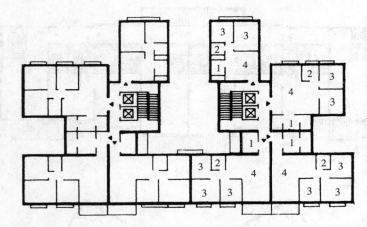

（b）组合单元式住宅

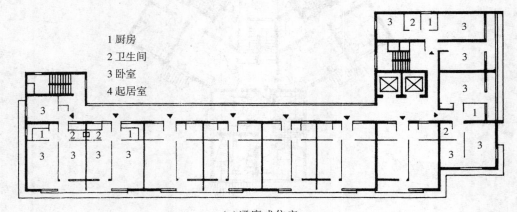

1 厨房
2 卫生间
3 卧室
4 起居室

（c）通廊式住宅

图 1.30　高层住宅

1.2.2 住宅群体布置

住宅群体布置需满足日照、通风、消防、安全、安静等要求,充分利用空间,创造形态优美、适于人居的生活环境。

1.住宅间距

住宅间距除满足建筑规范所必需的安全及消防距离外,还必须满足住宅建筑日照标准,见表1.5所列。

表 1.5 住宅建筑日照标准

建筑气候区划	Ⅰ、Ⅱ、Ⅲ、Ⅶ气候区		Ⅳ气候区		Ⅴ、Ⅵ气候区
	大城市	中小城市	大城市	中小城市	
日照标准日	大寒日				冬至日
日照时数(h)	≥2		≥3		≥1
有效日照时间带(h)(当地真太阳时)	8～16				9～15
日照时间计算起点	底层窗台面				

注:底层窗台面是指距室内地坪0.90m高的外墙位置。

2.住宅群体通风防风措施

住宅成群布局时,既要做到通风良好,又要避免产生局部强风,如图1.31所示。

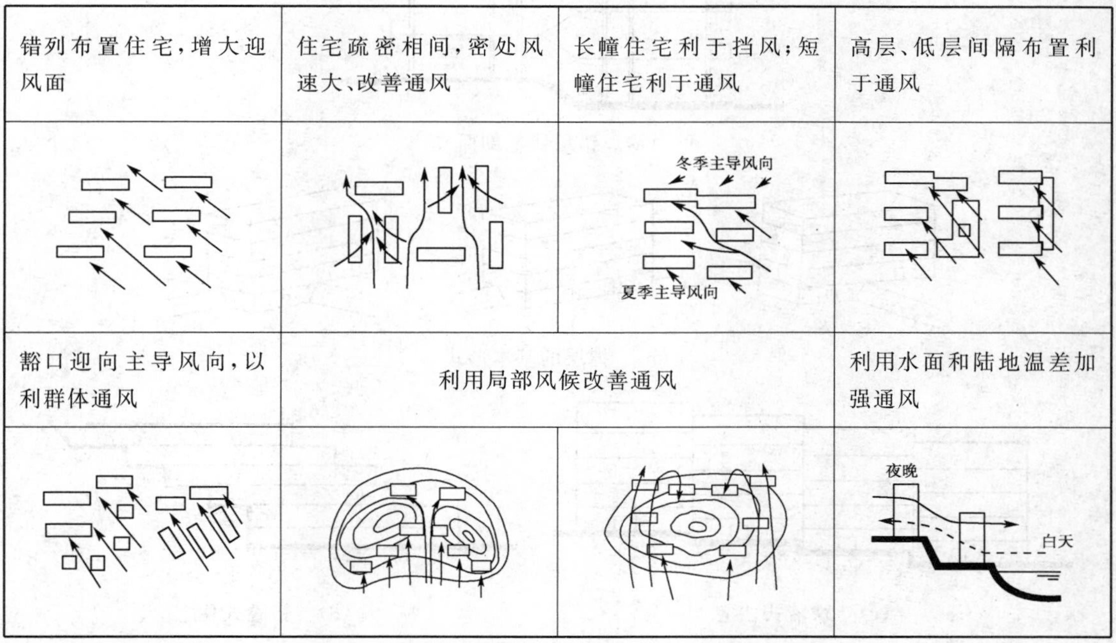

图 1.31 住宅群体布局的通风防风措施

3.坡地住宅布置方式

坡地住宅常见的布置方式是利用单元内部或单元之间不同的组合方式,结合地形地势,创造丰富多样的建筑体型。图1.32为坡地住宅的几种处理方式。

（1）错层

将住宅一个单元内的同一楼层作成不同标高，以适应坡地地形。错层住宅一般是利用楼梯间作错层处理，最常见的是采用双跑楼梯，在两个休息平台上分别组织住户人口，使楼梯两边的住户楼层标高错开半层，如图 1.32（a）所示。

（2）掉层

根据地形，将建筑基底作成阶梯状，使其阶差等于住宅的一层或数层的高度，从而使上部各层的楼面处于同一标高上。掉层的基本形式有横向掉层、纵向掉层、局部掉层三种，如图 1.32（b）所示。

（3）跌落

当住宅垂直或斜交于等高线时，各单元之间在高度方向顺坡势错落成阶梯状，如图 1.32（c）所示。

（4）错叠

当住宅垂直或斜交于等高线时，住宅的各层之间逐层或隔层作水平方向的错动而形成阶梯状，下层住宅的部分屋面可供上层住户作平台使用，如图 1.32（d）所示。

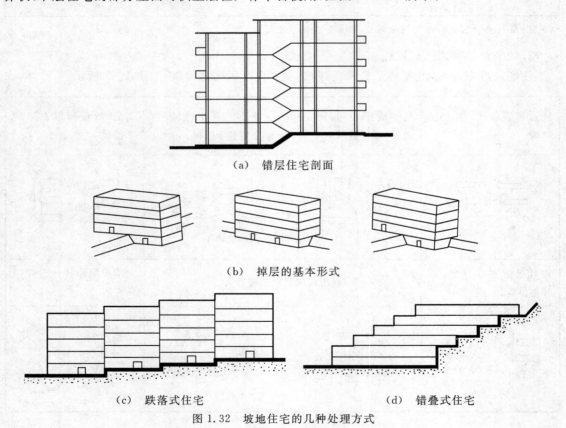

（a）　错层住宅剖面

（b）　掉层的基本形式

（c）　跌落式住宅　　　　　　　　　　　　　　（d）　错叠式住宅

图 1.32　坡地住宅的几种处理方式

4.住宅群体组合方式

（1）成组成团组合

由一定规模和数量的住宅（或结合公共建筑），构成居住区、居住小区和组团，如图 1.33所示。

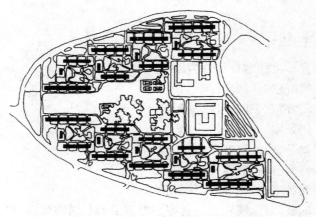

图 1.33 成组成团布置住宅

(2)成街成坊组合

住宅(或结合公共建筑)沿街形成带状或围合的街坊,如图 1.34 所示。

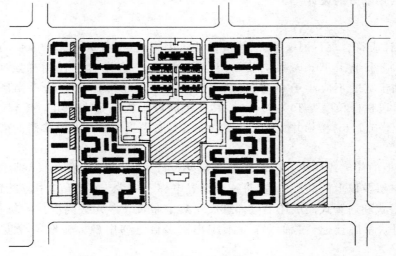

图 1.34 成街成坊布置住宅

(3)整体式组合

住宅(或结合公共建筑)用连廊、高架平台连成一体的组合方式,如图 1.35 所示。

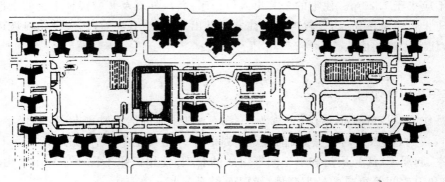

图 1.35 整体式住宅群体

1.2.3 住宅户型(套型)设计

根据住宅居室数目常见住宅户型分为以下几种：

(1)两室一厅：两间卧室、一间客厅。

(2)两室二厅：两间卧室、一间客厅、一间餐厅。

(3)三室一厅：三间卧室、一间客厅。

(4)三室二厅：三间卧室、一间客厅、一间餐厅。

(5)四室一厅：四间卧室、一间客厅。

(6)四室二厅：四间卧室、一间客厅、一间餐厅。

由政府财政投入的公租房、廉租房的套型会出现由兼起居的卧室，厨房和卫生间所组成的小户型。

1.2.4 住宅共用部分的设计

1. 楼梯间

楼梯间设计应符合现行国家标准《建筑设计防火规范》(GB 50016—2014)的有关规定,楼梯梯段净宽不应小于 1.10m。六层及六层以下住宅,一边设有栏杆的梯段净宽不应小于 1.00m;楼梯踏步宽度不应小于 0.26m,踏步高度不应大于0.175m。扶手高度不应小于 0.90m,楼梯水平段栏杆长度大于 0.50m 时,其扶手高度不应小于 1.05m。楼梯栏杆垂直杆件间净空不应大于 0.11m;楼梯井宽度大于 0.11m 时,必须采取防止儿童攀滑的措施。

2. 电梯

七层及以上的住宅或住户入口层楼面距室外设计地面的高度超过 16m 以上的住宅必须设置电梯;十二层及以上的高层住宅,每栋楼设置电梯不应少于两台,其中应配置一台可容纳担架的电梯;塔式和通廊式高层住宅电梯宜成组集中布置。单元式高层住宅每单元只设一台电梯时应采用联系廊连通,候梯厅深度不应小于多台电梯中最大轿厢的深度,且不得小于 1.50m。

3. 走廊和出入口设计

住宅的公共出入口处应有识别标志,可按户设置信报箱。高层住宅的公共出入口应设门厅、管理室及信报间;高层住宅作主要通道的外廊宜做封闭外廊,并设可开启的窗扇。走廊通道的净宽不应小于 1.20m。住宅的公共出入口位于阳台、外廊及开敞楼梯平台的下部时,应设置雨罩等防止物体坠落伤人,设置电梯的住宅公共出入口,当有高差时,应设轮椅坡道和扶手。图 1.36 为住宅入口的形式。

1.2.5 住宅户内设计

"户"是住宅设计的基本单位(也称为"套"),一户住宅的居室功能包括:起居室、卧室、厨房、卫生间、户内过道(户内楼梯)或前室、贮藏间、室外活动空间(庭院、阳台、露台)等几个部分。由卧室、起居室(厅)、厨房和卫生间等组成的套型,使用面积不应小于 $30m^2$,由兼起居的卧室、厨房和卫生间等组成的最小套型,使用面积不应小于 $22m^2$。

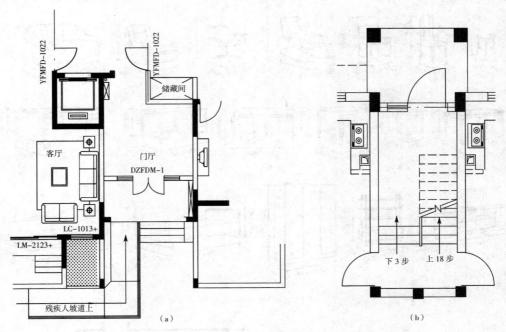

图 1.36　住宅入口形式

人在住宅里的活动可以分为两大类：

第一类主要是集中的活动，如团聚、娱乐、会客、进餐等，需要有较宽敞的集中活动空间。

第二类是分散的活动，如工作、学习、睡眠等，这些活动要求安静、适当分隔，活动空间可以小一点。

住宅居室设计的趋向是：为第一类活动设置较大空间的起居室，即厅、堂（一般每户一间），为第二类活动设置空间独立的卧室、工作室等（一户可以有几间）。居室的平面设计应根据不同的使用要求，布置适当的家具并保证适当的活动空间，图 1.37 为居室中常用的家具及尺寸。居室的比例对家具布置影响很大，居室平面不宜狭长，最好不超过 1∶2 的比例。平面为方形或接近于方形的居室，其家具布置比较灵活，图 1.38 为两种长方形的起居室。

1. 起居室（厅）

起居室的主要活动内容为家庭团聚、会客接待、视听活动等，起居室可以与户内的门厅及交通面积相结合，也可与其他房间套穿。起居室（厅）的使用面积不应小于 $10m^2$，起居室除了图 1.38 所示的独立式，常见的还有起居兼餐厅、起居兼卧室、起居兼书房等几种形式，如图 1.39 所示。起居室（厅）内的门洞布置应综合考虑使用功能要求，减少直接开向起居室（厅）的门的数量。起居室（厅）内布置家具的墙面直线长度应大于 3m。

2. 卧室

卧室布置应综合考虑面积、形状、门窗位置、床位布置及活动面积等因素。双人小卧室宜在 $8m^2$ 以上，小卧室可不设阳台，朝向好的大、中卧室可设阳台。主卧室的合适开间有 3.30m、3.60m、3.90m；进深有 3.60m、4.20m、4.50m、4.80m。次卧室的合适开间有 2.70m、3.00m、3.30m，进深有 3.30m、3.60m、3.90m、4.20m 等。卧室之间不应穿越，卧室应有直接采光、自然通风，其使用面积不应小于下列规定：双人卧室为 $9m^2$，单人卧室为 $5m^2$，兼起居的卧室为 $12m^2$。卧室布置有纵向和横向两种，如图 1.40 所示。

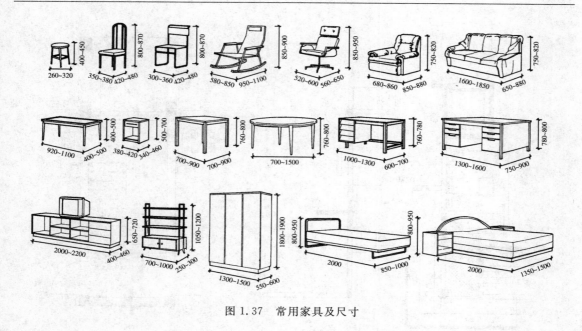

图 1.37　常用家具及尺寸

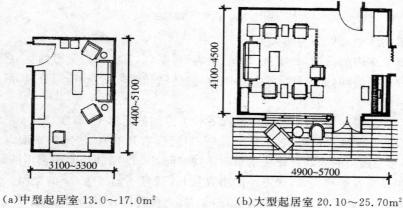

（a）中型起居室 13.0～17.0m² 　　（b）大型起居室 20.10～25.70m²

图 1.38　长方形起居室

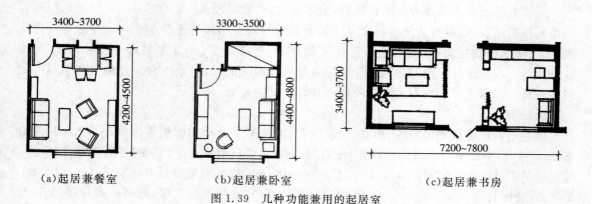

（a）起居兼餐室 　　（b）起居兼卧室 　　（c）起居兼书房

图 1.39　几种功能兼用的起居室

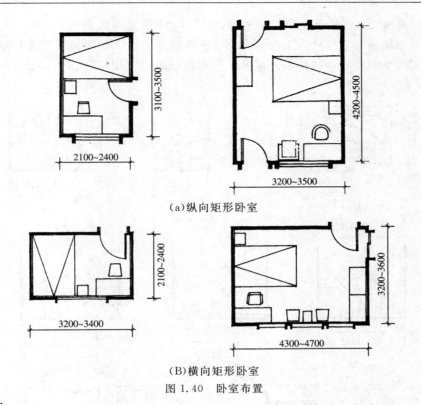

（a）纵向矩形卧室

（B）横向矩形卧室

图 1.40　卧室布置

3. 餐厅

餐厅常与起居室或厨房结合布置，面积较大的住宅设独立餐厅时，一般有大、中、小三种规模，分别布置不同大小的餐桌椅及食品柜等，如图 1.41 所示。独立餐厅面积不宜小于 6m²，净宽不宜小于 2.40m。无直接采光的餐厅、过厅等，其使用面积不宜大于 10m²。

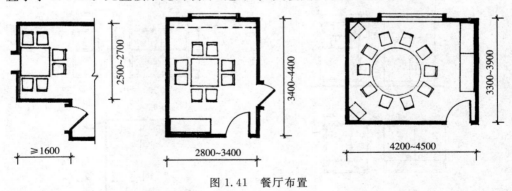

图 1.41　餐厅布置

厨房的使用面积不应小于下列规定：由卧室、起居室（厅）、厨房和卫生间组成的住宅套型的厨房使用面积不应小于 4m²，由兼起居的卧室、厨房和卫生间等组成的住宅最小套型的厨房使用面积不应小于 3.50m²；厨房应有直接采光、自然通风，并宜布置在套内近入口处；应设置洗涤池、案台、炉灶及排油烟机等设施或预留位置，按炊事操作流程排列，操作面净长不应小于 2.10m²。单排布置设备的厨房净宽不应小于 1.5m，双排布置设备的厨房其两排设备的净距不应小于 0.90m。图 1.42 为厨房的活动空间及设备尺寸。厨房应有外窗或开向走廊的窗户，窗宽不小于 0.90m。厨房门宽不小于 0.80m。厨房应有良好的通风，必要时要设排烟道，防止油烟、煤气、灰尘串入居室。墙和地面要便于清洗,注意防水,地面应比居室地面低 20～30mm。

　　厨房按其功能组合可以分为工作厨房及餐室厨房两类。工作厨房仅安排炊事活动,而餐室厨房则兼有炊事和进餐两种功能。常见厨房布置分为一字型、并列型、L 型、U 型、岛型等,如图 1.43 所示。

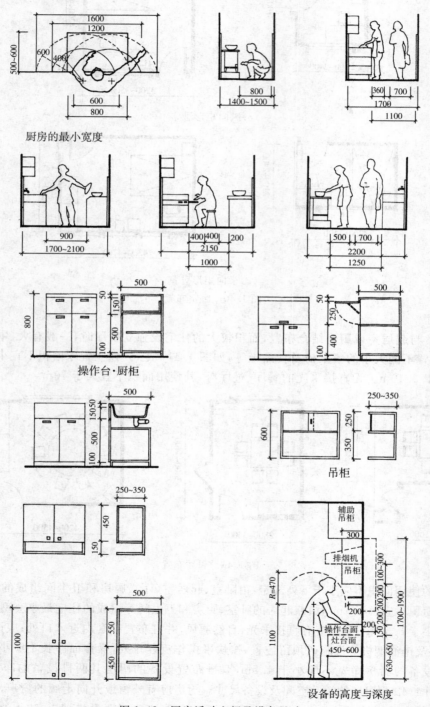

图 1.42　厨房活动空间及设备尺寸

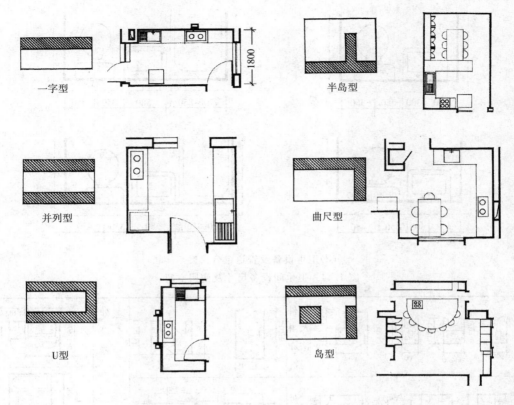

一字型

半岛型

并列型

曲尺型

U型

岛型

图 1.43　厨房布置

4. 卫生间设计

一般卫生间的设备尺寸及必需的尺度如图 1.44 所示。卫生间的位置宜接近主卧室，单设大便器的卫生间应接近客厅；每套住宅应设卫生间。每套住宅至少应配置 3 件卫生洁具，应设置洗衣机的位置。图 1.45 是常用厕所、卫生间布置的形式及尺寸。

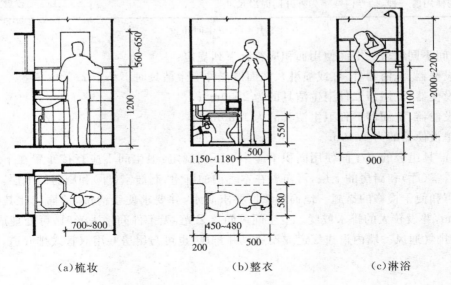

（a）梳妆　　　　（b）整衣　　　　（c）淋浴

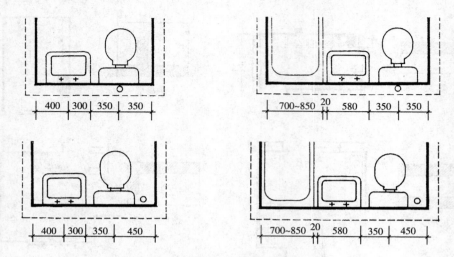

（d）卫生设备及管道组合尺度

图 1.44　卫生间设备尺寸及使用空间

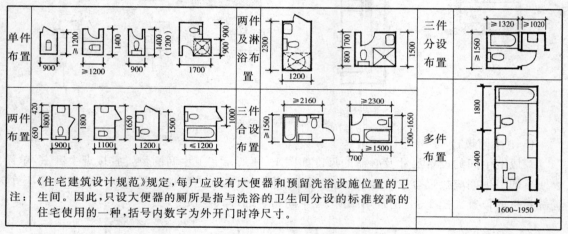

图 1.45　卫生间布置

卫生间不同组合的空间使用面积应符合下列规定：

（1）设便器、洗浴器（浴缸或喷淋）、洗面器三件卫生洁具时不小于 2.50m²；

（2）设便器、洗浴器二件卫生洁具的为 2.00m²；

（3）设便器、洗面器二件卫生洁具的为 1.80m²；

（4）单设便器的为 1.10m²。

不同洁具组合的卫生间使用面积不应小于下列规定：卫生间不应直接布置在下层住户的卧室、起居室（厅）和厨房的上层，可布置在本套内的卧室、起居室（厅）和厨房的上层，并均应有防水、隔声和便于检修的措施。地面和墙面要求防水，并要求便于清洗，地面应比其他房间低 20～60mm，并设较大的排水坡度。卫生间可间接采光，无条件间接采光时，可处理成暗厕，但应处理好排气通风。墙内设拔气道或设通风井排风，也可与厨房共用双管式排气道，如图1.46所示。

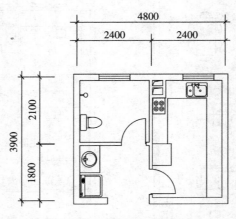

图 1.46　厨卫双管式排气道

5.户内过道及户内楼梯

(1)适当设置户内过道,可减少房间的穿套,起到避免干扰、缓冲、隔声等作用。户内过道适当扩大并精心安排门窗位置,即为前室、过厅等。入口过道净宽不宜小于 1.20m,通往卧室、起居室(厅)的过道净宽不应小于 1m,通往厨房、卫生间、贮藏室的过道净宽不应小于0.90m,过道在拐弯处的尺寸应便于搬运家具,如图 1.47 所示。

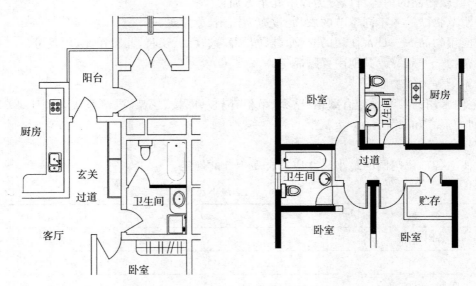

图 1.47　户内过道

(2)户内楼梯的梯段净宽,当一边临空时,不应小于 0.75m;当两侧有墙时,不应小于 1m;踏步宽度不应小于 0.22m,高度不应大于 0.20m;扇形踏步转角距扶手边 0.25m 处,宽度不应小于 0.22m,图 1.48 为户内楼梯形式。

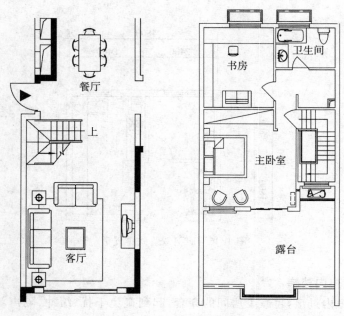

图 1.48　户内楼梯

6.贮藏空间设计

住户贮藏物品的内容可以分为以下几个方面：

(1)季节物品——不同季节的衣物、被褥、鞋、帽、凉席等。

(2)应用物品——日常使用的衣物、鞋、帽、书籍、食品、饮具、儿童用品、雨具等。

(3)杂物——瓶、罐、其他闲置物品等。

(4)箱子等大件物品。

住宅内常用的贮藏设施有壁柜、壁龛、吊柜、隔板、阁楼、层架、贮藏室等。图 1.49 为两种储藏空间的形式和尺寸。

7.门窗设计

(1)住宅各部位门洞的最小尺寸应符合表 1.6 的规定。

表 1.6　门洞最小尺寸

类　别	洞口宽度（m）	洞口高度（m）
公用外门	1.20	2.00
户（套）门	1.00	2.00
起居室（厅）门	0.90	2.00
卧室门	0.90	2.00
厨房门	0.80	2.00
卫生间门	0.70	2.00
阳台门（单扇）	0.70	2.00

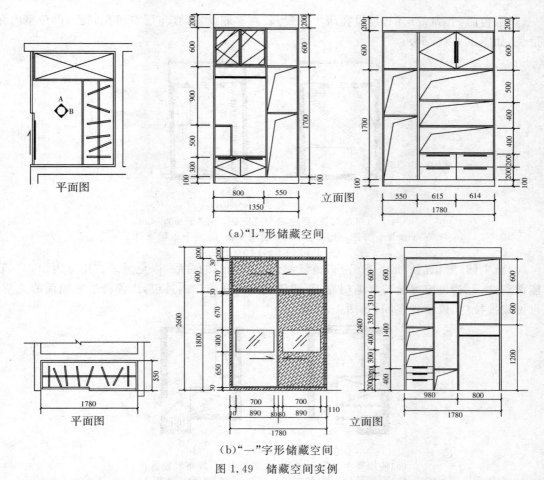

（a）"L"形储藏空间

（b)"一"字形储藏空间

图 1.49　储藏空间实例

（2）外窗窗台距楼面、地面的高度低于 0.90m 时,应有防护设施,窗外有阳台或平台时可不受此限制。窗台的净高度或防护栏杆的高度均应从可踏面起算,保证净高 0.90m。

（3）底层外窗和阳台门、下沿低于 2m 且紧邻走廊或公用上人屋面的窗和门,应采取防卫措施。

（4）面临走廊或凹口的窗,应避免视线干扰。向走廊开启的窗扇不应妨碍交通。

（5）住宅户门应采用安全防卫门。向外开启的户门不应妨碍交通。

（6）居室门:若在居室短边设门,宜靠一端布置。若在居室的长边设门,可在适中位置,如图 1.50 所示。

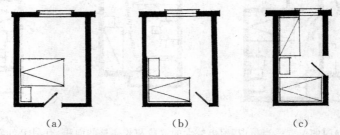

（a）　　　　　　　　　　（b）　　　　　　　　　　（c）

（a)居室短边设门,置于中部,不好布置家具;(b)居室短边设门,置于一端,有利于布置家具;

（c)居室长边设门,置于中部,有利于布置家具

图 1.50　居室门的位置

(7)阳台门:若为带窗门,可设在居中位置,若靠一侧设置,宜与居室门在同侧,以免室内穿行过长,如图 1.51 所示。

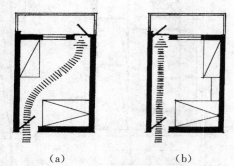

(a)　　　　　　　　　　(b)

(a)两个门对角布置,居室被交通穿破,不利于布置家具;
(b)两个门靠一边布置,居室面积完整,有利于布置家具
图 1.51　阳台门的位置

(8)壁柜门:壁柜门一般不常开启,最好能设在其他门的背后,以免另外占用室内面积。若不能做到这一点,也应尽量与其他门靠近,或将壁柜门开向户内过道,以保持居室墙面的完整。也可做成推拉门,以节省空间,如图 1.52 所示。

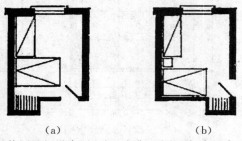

(a)　　　　　　　　　　(b)

(a)使用壁柜设专用空间,浪费面积,不好布置家具;
(b)壁柜使用面积与交通面积合并,有利于布置家具
图 1.52　壁柜开口位置与家具布置的关系

(9)窗:窗的位置与住宅的立面造型密切相关,但也必须考虑有利于室内的家具布置。居室的窗宽一般不小于居室净宽的 1/3,一般为 1.20m、1.50m;次卧室不宜小于 0.90m。当室内有多个门窗时,位置应适当靠近,以保留较大的完整墙面,如图 1.53 所示。

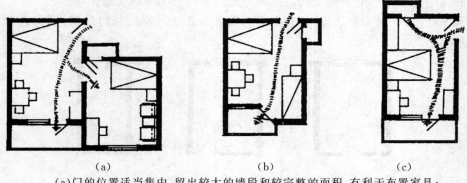

(a)　　　　　　　　　(b)　　　　　　　　　(c)

(a)门的位置适当集中,留出较大的墙段和较完整的面积,有利于布置家具;
(b)门的布置比较恰当,交通分隔的几个区域对家具布置有利;
(c)门的布置比较分散,交通面积多,居室被交通分割零碎,不利于布置家具
图 1.53　门窗位置对室内布置的影响

1.2.6　住宅单元平面设计实例

由几个相同或不同的户型相邻组合,由楼梯作为上下交通联系,这些户型即组成一个单元。每层中一般为两户或三户,即所谓一梯两户或一梯三户,个别情况下,也有一梯一户、一梯四户的组合,也有以通廊联系多户,共用楼梯的住宅单元。图 1.54 是几种住宅单元平面实例。

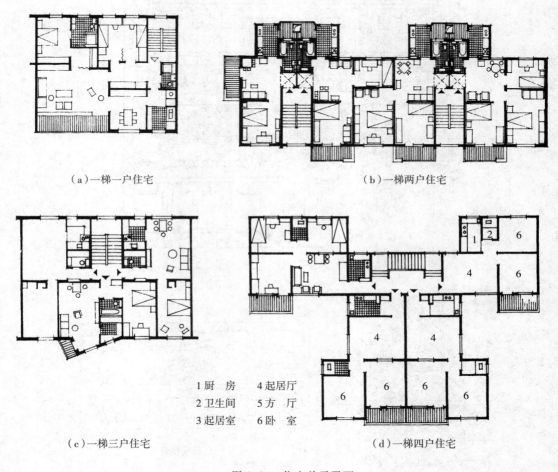

（a）一梯一户住宅　　　　　　　　　　　　（b）一梯两户住宅

1 厨　房	4 起居厅
2 卫生间	5 方　厅
3 起居室	6 卧　室

（c）一梯三户住宅　　　　　　　　　　　　（d）一梯四户住宅

图 1.54　住宅单元平面

1.2.7　住宅单元组合形式

一幢住宅由几个相同或不同的单元组合而成,单元数不宜超过 6 个,各单元应有各自的入口,住宅楼四周应留有通道,通道宽度应满足消防车通过。单元组合既要满足建设规模及规划要求,又要充分结合地形,适应环境。

单元的组合方式通常有以下几种,如图 1.55 所示。

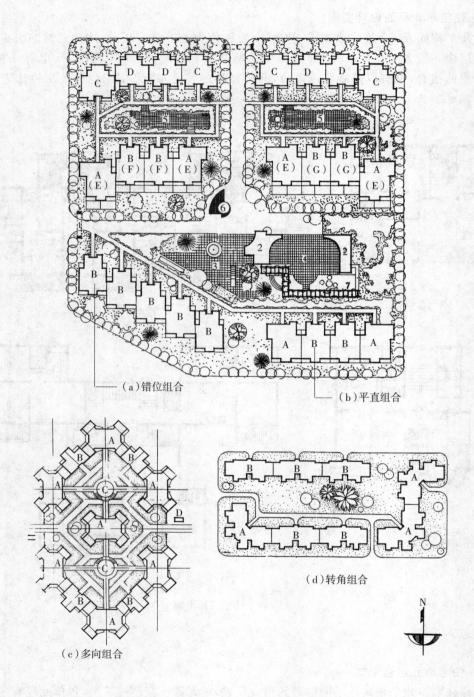

（a）错位组合

（b）平直组合

（c）多向组合

（d）转角组合

图 1.55　住宅单元组合方式

（1）平直组合：体型简洁、施工方便，但不宜组合过长。

（2）错位组合：适应地形、朝向、道路或规划的要求，但要注意外墙周长及用地经济性。可用平直单元错拼或加错接的插入单元。

（3）转角组合：可用平直单元拼接，也可加插入单元或采用转角单元，要注意朝向。

（4）多向组合：要注意朝向及用地经济性。可用具有多方向性的一种单元组合，还可以利用交通联系组成多方向性的组合体。

1.2.8　住宅的外观设计

住宅的外观设计，归纳起来一般有以下几种手法。

1. 水平构图

水平线条划分立面容易达到给人们以舒展、宁静、安定的感觉，一般以阳台、凹廊、遮阳、横向的长窗等构件组织而成。多层住宅一般采用水平构图的形式，如图 1.56 所示。

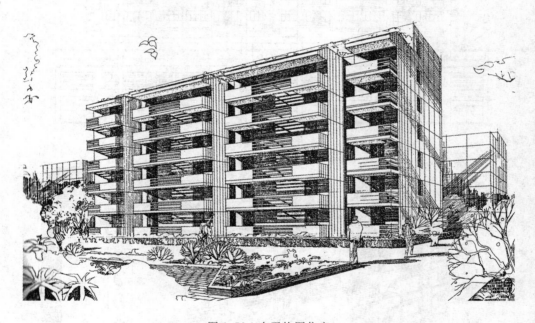

图 1.56　水平构图住宅

2. 垂直构图

垂直构图的住宅的外形采用竖向体量或垂直线条作有规律的划分，通过竖向的柱和窗间墙等，突出建筑体型的挺拔，常用于高层住宅及过于扁平的多层住宅，如图 1.57 所示。

3. 网格构图

网格构图是用水平线条和垂直线条构成网格。这些网格可以是柱和圈梁组成的，也可以是垂直和水平的遮阳板组成。在每开间设整开间阳台的住宅则自然地形成强烈的网格构图，如图 1.58 所示。

图 1.57 垂直构图住宅

图 1.58 网格构图住宅

4. 散点构图

散点构图是在立面上把一些构图元素有规律地交错排列,使住宅立面错落有致,显得活泼,如图 1.59 所示。

图 1.59　散点构图住宅

1.2.9　住宅室内环境设计

1. 日照、采光和自然通风

每套住宅至少应有一个居住空间能获得冬季日照,当一套住宅中居住空间超过四个时,其中宜有两个居住空间获得日照。住宅采光标准应符合表 1.7 的规定。

表 1.7　住宅室内采光标准

房间名称	侧面采光	
	采用系数最低值(%)	窗地面积比值(Ac/Ad)
卧室、起居室(厅)、厨房	1	1/7
楼梯间	0.5	1/12

注:1. 窗地面积比值为直接天然采光房间的侧窗洞口面积 Ac 与该房间地面面积 Ad 之比。

　　2. 本表系按Ⅲ类光气候区单层普通玻璃钢窗计算,当用于其他光气候区时或采用其他类型窗时,应按现行国家标准《建筑采光设计标准》的有关规定进行调整。

　　3. 离地面高度低于 0.50m 的窗洞口面积不计入采光面积内。窗洞口上沿距地面高度不宜低于 2m。

卧室、起居室(厅)应有与室外空气直接流通的自然通风,单朝向住宅采取通风措施。采用自然通风的房间,其通风开口面积应符合下列规定:

（1）卧室、起居室（厅）、明卫生间的通风开口面积不应小于该房间地板面积的 1/20。

（2）厨房的通风开口面积不应小于该房间地板面积的 1/10，并不得小于 0.60m²。

（3）严寒地区住宅的卧室、起居室（厅）应设通风换气设施，厨房、卫生间应设自然通风道。

2. 保温隔热

住宅起居室的节能设计应符合《民用建筑节能设计标准》中的相关规定。寒冷、夏热冬冷和夏热冬暖地区，屋顶和西向外墙应采取隔热措施，朝西外窗均应采取遮阳措施。

1.2.10 住宅的结构形式和柱网尺寸

住宅的结构形式以其承重结构所用的材料来划分可分为钢筋混凝土结构、钢结构、砖混结构、砖木结构等几种形式。住宅柱网尺寸一般以居室分隔作为依据，即柱网尺寸为居室的开间和进深尺寸。

1. 钢筋混凝土结构住宅

房屋的主要承重结构，如柱、梁、板、楼梯、屋盖用钢筋混凝土制作，墙体用砖或其他填充材料施工建造的房屋。这种结构的抗震性能好、整体性强、抗腐蚀耐火能力强。居室的开间、进深相对较大，空间分隔较自由。目前，在抗震设防地区，多层住宅和高层住宅多为此结构形式。

钢筋混凝土结构的住宅按其承重结构的形式分，常见的有框架柱结构和短肢剪力墙结构，如图 1.60 所示；按其施工方式分，有现浇钢筋混凝土结构与预制装配式钢筋混凝土结构两种形式。

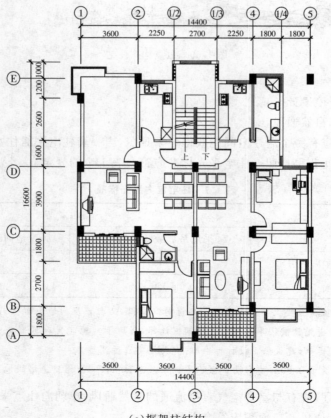

（a）框架柱结构

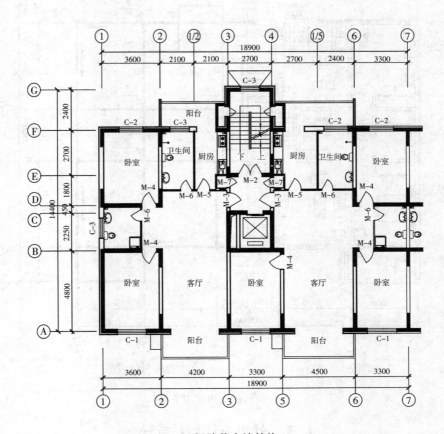

(b)短肢剪力墙结构

图 1.60　钢筋混凝土结构住宅

2.钢结构住宅

用钢结构做承重结构,用环保、轻体、节能材料做围护结构的住宅为钢结构住宅。它具有自重轻、抗震性能好、灾后易修复等优点。作为一种绿色环保建筑,钢结构住宅已被建设部列为重点推广项目。图 1.61 为钢结构住宅实例。

3.砖混结构住宅

砖混结构是指住宅竖向承重结构的墙、附壁柱等采用砖或砌块砌筑,柱、梁、楼板、屋面板、桁架等采用钢筋混凝土结构的形式。砖混结构对施工场地和施工技术要求低,耐久性好,且砖的隔音和保温隔热性要优于混凝土和其他墙体材料,造价较低。但是砖混结构的开间尺寸较小,平面布局受限制,抗震性能较差,已渐渐被框架结构取代。

4.砖木结构住宅

住宅中承重结构的墙、柱采用砖砌筑或砌块砌筑,楼板结构、屋架用木结构而共同构筑成的房屋。这种结构的房屋在我国中小城市或山区曾经非常普遍。它的空间分隔较方便,自重轻,并且施工工艺简单,材料较单一。但是耐用年限短,耗费木材,并不作为大量推广的住宅形式。

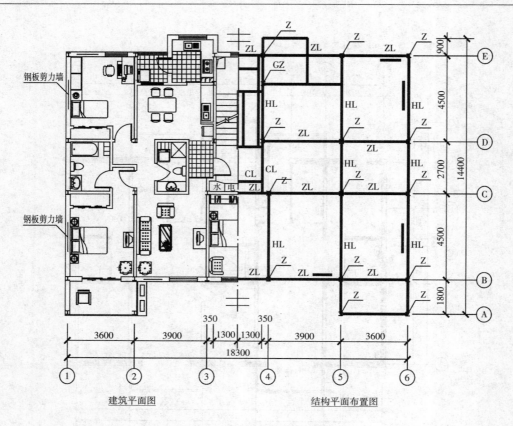

建筑平面图　　　　　　　　结构平面布置图

图 1.61　钢结构住宅平面

1.3　幼儿园设计指导

幼儿园是对幼儿进行保育和教育的机构,接纳 3～6 周岁幼儿。幼儿园的建筑造型及设计应符合幼儿的特点,能分区明确,避免相互干扰,方便使用管理,有利于交通疏散。

1.3.1　幼儿园的规模与组成

1. 规模

(1)班级数:大型:10～12 个班;中型:6～9 个班;小型:5 个班以下。

(2)每班人数:小班 20～25 人,中班 26～30 人,大班 31～35 人。

(3)幼儿园人均建筑面积 9～12m² /每人,人均用地面积 15～20m² /每人。

2. 功能组成

(1)生活用房

包括活动室、寝室、卫生间(包括厕所、盥洗、洗浴)、衣帽贮藏室、音体活动室等。全日制幼儿园的活动室与寝室宜合并设置。

(2)服务用房

包括医务保健室、隔离室、晨检室、保育员值宿室、教职工办公室、会议室、值班室(包括收发室)及教职工厕所、浴室等。全日制幼儿园不设保育员值宿室。

（3）供应用房

包括幼儿厨房、消毒室、烧水间、洗衣房及库房等。

（4）室外活动场地

包括班级活动场地和公共活动场地。

1.3.2 幼儿园的基地选择及总平面设计

1.基地选择

4 个班以上的幼儿园应有独立的建筑基地。

（1）幼儿园的服务半径不宜超过 500m，方便家长接送，避免交通干扰。

（2）日照充足，通风良好，场地干燥，有利于开展儿童的室外活动。

（3）远离各种污染源，并满足有关卫生防护标准的要求。

（4）有充足的供水、供电和排除雨水、污水的方便条件。

（5）能为建筑功能分区、出入口、室外游戏场地的布置提供必要条件。

2.总平面设计

根据设计任务书的要求对建筑物、室外游戏场地、绿化用地及杂物院等进行总体布置，做到功能分区合理、方便管理、朝向适宜、游戏场地日照充足，创造符合幼儿生理、心理特点的环境空间。

（1）出入口的布置：结合周围道路和儿童入园方向，设在方便家长接送的路线上。杂务院出入口与主要出入口分设。主要出入口应面临街道，位置明显易识别，次要出入口则相对隐蔽。

（2）建筑物的布置：我国北方寒冷地区，儿童生活用房应避免朝北；南方炎热地区则尽量朝南，以利通风。建筑层数不宜超过 3 层。

（3）室外活动场地：各班应设专用的室外游戏场地，每班的游戏场地面积不应小于 60m²，各游戏场地之间宜采取分隔措施。

图 1.62 为幼儿园场地布置实例。

1 公共活动场地
2 班组活动场地
3 涉 水 池
4 综合游戏设施
5 砂 坑
6 浪 船
7 秋 千
8 尼龙绳网迷宫
9 攀 登 架
10 动 物 房
11 植 物 园
12 杂 物 院

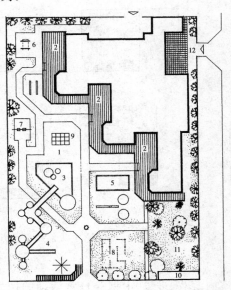

图 1.62 幼儿园场地布置实例

1.3.3　幼儿园各类房间的设计

1.生活用房

幼儿园的生活用房应布置在当地最好日照方位,温暖地区、炎热地区的生活用房应避免朝西,否则应设遮阳设施。侧窗采光的窗地面积比不应小于表1.8的规定,室内净高不低于表1.9的规定,各部分最小使用面积满足表1.10的规定。全日制幼儿园的活动室、寝室、卫生间、衣帽贮藏室应设计成每班独立使用的生活单元,图1.63为生活单元的几种布置方式。

表1.8　窗地面积比

音体活动室、活动室	1/5
寝室、医务保健室、隔离室	1/6
其他房间	1/8

表1.9　生活用房室内最低净高(m)

| 活动室、寝室 | 2.80 |
| 音体活动室 | 3.60 |

表1.10　生活用房的最小使用面积(m²)

房间名称	大型	中型	小型	备注
活动室	50	50	50	每班面积
寝室	50	50	50	每班面积
卫生间	15	15	15	每班面积
衣帽贮藏室	9	9	9	每班面积
音体活动室	150	120	90	全园共用面积

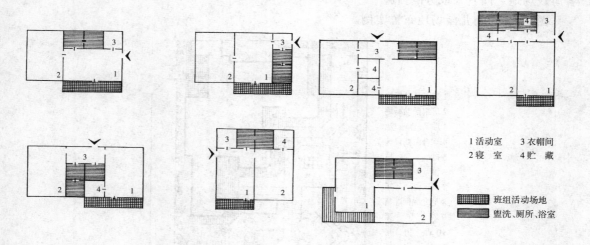

图1.63　幼儿园生活单元布置方式

(1)活动室设计

活动室是供幼儿室内游戏、进餐、上课等日常活动的用房,最好朝南。其空间尺寸要能够满足多种活动的需要,平面形状以长方形最为普遍,结构简单、空间完整,其他形状如弧形、多边形等,形式活泼,也常使用,图1.64为多边形的活动室。

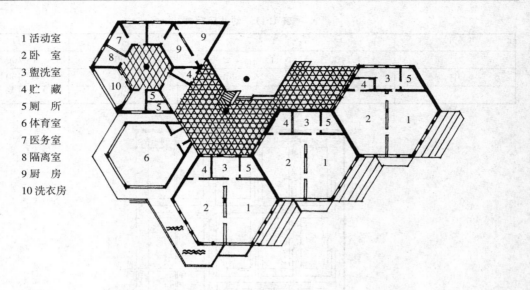

1 活动室
2 卧　室
3 盥洗室
4 贮　藏
5 厕　所
6 体育室
7 医务室
8 隔离室
9 厨　房
10 洗衣房

图 1.64　多边形平面的活动室

室内布置和装饰要适合幼儿的特点,地面材料宜采用暖性、弹性地面,墙面所有转角应做成圆角,有采暖设备处应加设扶栏,做好防护措施。图 1.65 为活动室平面布置示意。

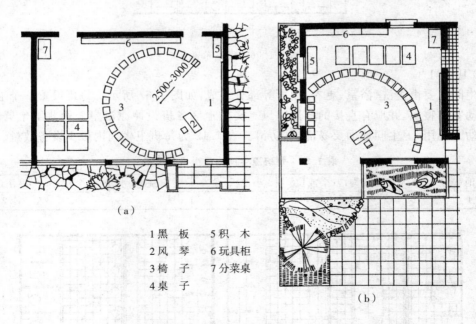

（a）

1 黑　板　　5 积　木
2 风　琴　　6 玩具柜
3 椅　子　　7 分菜桌
4 桌　子

（b）

图 1.65　活动室平面布置示意

（2）寝室设计

寝室应布置在朝向好的方位,温、炎热地区要避免西晒或设遮阳设施,并应与卫生间临近。幼儿床的设计要适应儿童尺度,见表 1.11 所列。床的布置要便于保教人员巡视照顾。图1.66为寝室布置示意。

表 1.11　幼儿床尺寸

	L	W	H_1	H_2
大	1400	700	350	700
中	1300	650	320	650
小	1200	600	300	600

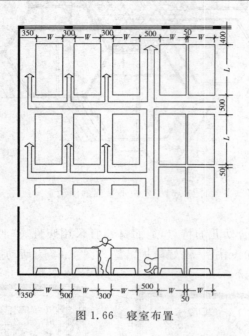

图 1.66　寝室布置

（3）卫生间

卫生间主要由盥洗、浴室、更衣、厕所等部分组成，如图 1.67 所示。每班设置一个卫生间，临近活动室和寝室，并应有直接的自然通风。炎热地区各班设冲凉浴室。幼儿卫生器具尺度要适合幼儿使用，卫生间地面要易清洗，防滑。表 1.12 为每班卫生间内最少设备数量。

表 1.12　每班卫生间内最少设备数量

污水池（个）	大便器或沟槽（个或位）	小便槽（位）	盥洗台（水龙头，个）	淋浴（位）
1	4	4	6~8	2

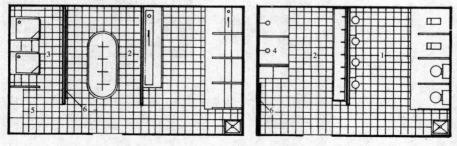

1 厕所　　2 盥洗　　3 洗浴
4 淋浴　　5 更衣　　6 毛巾及水杯架

图 1.67　卫生间平面布置

（4）音体活动室：音体活动室是幼儿进行室内音乐、体育、游戏、节目娱乐等活动的用房，供全园幼儿公用，其布置宜临近生活用房。可用连廊与主体建筑连通、可以和大厅结合或在班级活动单元的尽端布置，如图 1.68（a）、（b）、（c）所示。音体室地面宜设置暖、弹性材料，墙面应设置软弹性护墙，以防幼儿碰撞。

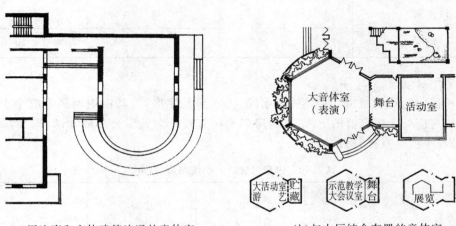

（a）用连廊和主体建筑连通的音体室　　　　　（b）与大厅结合布置的音体室

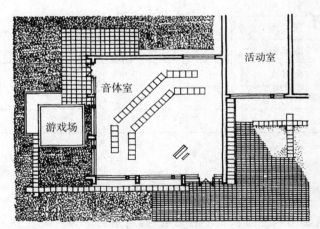

（c）位于活动单元尽端的音体室

图 1.68　音体活动室布置

2. 服务用房

服务用房可分为行政办公、卫生保健、教职工厕浴等。行政办公用房有教职工办公室、会议室、值班室（包括收发室）等，集中于一个区域，同时又要兼顾对外联系；卫生保健用房有医务保健室、隔离室、晨检室等，集中于一个区域设在底层，与幼儿生活用房保持适当距离，其中医务保健和隔离室宜相邻设置，隔离室应设独立的厕所；晨检室宜设在建筑物的主出入口处，服务用房的使用面积不应小于表 1.13 的规定。教职工厕浴要放在隐藏处，同时方便教职工使用。

表 1.13　服务用房的最小使用面积(m²)

房间名称	规模		
	大型	中型	小型
医务保障室	12	12	10
隔离室	2×8	8	8
晨检室	15	12	10

3.供应用房

供应用房包括幼儿厨房、消毒室、烧水间、洗衣房及库房等,其使用面积不应小于表 1.14 的规定。厨房应处于建筑群的下风向,厨房门不应直接开向儿童公共活动部分。幼儿园为楼房时,宜设置小型垂直提升食梯。

表 1.14　供应用房的最小使用面积(m²)

规模 房间名称		大型	中型	小型
厨房	主副食加工间	45	36	30
	主食库	15	10	15
	副食库	15	10	
	冷藏室	8	6	4
	配餐间	18	15	10
消毒间		12	10	8
洗衣房		15	12	8

1.3.4　幼儿园防火疏散及安全构造设计

由于幼儿园建筑使用人群为未成年的儿童,其建筑防火设计除应执行国家建筑设计防火规范外,尚应符合以下条件。

1.生活用房布置

幼儿园的生活用房在一、二级耐火等级的建筑中,不应设在四层及四层以上;三级耐火等级的建筑不应设在三层及三层以上;四级耐火等级的建筑不应超过一层。

2.屋顶

主体建筑平屋顶作为安全避难和室外游戏场地,但应有护栏防护,护栏净高不应小于1.20m,内侧不应设有支撑。护栏宜采用垂直线饰,其净空距离不应大于 0.11m。

3.走廊

主体建筑走廊净宽不应小于表 1.15 的规定。

表 1.15 走廊最小净宽(m)

房间布置 房间名称	双面布房	单面布房或外廊
生活用房	1.80	1.50
服务供应用房	1.50	1.30

4.坡道

在幼儿安全疏散和经常出入的通道上,不应设有台阶。必要时可设防滑坡道,其坡度不应大于 1∶12。

5.楼梯、扶手、栏杆和踏步

(1)楼梯除设成人扶手外,并应在靠墙一侧设幼儿扶手,其高度不应大于 0.60m;

(2)楼梯栏杆垂直线饰间的净距不应大于 0.11m,当楼梯井净宽度大于 0.20m 时,必须采取安全措施;

(3)楼梯踏步的高度不应大于 0.15m,宽度不应小于 0.26m;

(4)在严寒、寒冷地区设置的室外安全疏散楼梯,应有防滑措施。

6.门窗设计及构造

(1)幼儿经常出入的门在距地 0.60～1.20m 高度内,不应装易碎玻璃。在距地 0.70m 处,宜加设幼儿专用拉手。不应设置门槛和弹簧门。

(2)活动室、音体活动室的窗台距地面高度不宜大于 0.60m,距地面 1.30m 内不应设平开窗。楼层无室外阳台时,应设护栏。图 1.69 为幼儿活动用房外窗的两种形式。

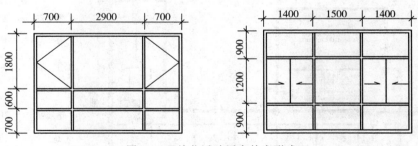

图 1.69 幼儿活动用房外窗形式

1.3.5 幼儿园建筑平面组合设计

1.基本要求

(1)各类房间的功能关系要合理,图 1.70 是幼儿园平面功能关系图。

(2)应注意朝向、采光和通风,以利于创造良好的室内环境条件。

(3)注意儿童的安全防护和卫生保健。在平面组合中应防止儿童擅自外出、穿入锅炉房、洗衣房、厨房等。注意各生活单元的隔离及隔离室与生活单元的关系。

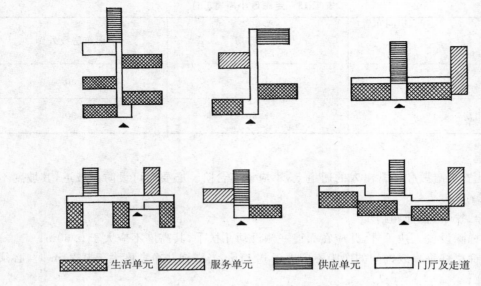

生活单元　　　服务单元　　　供应单元　　　门厅及走道

图 1.70　幼儿园平面功能关系

2.平面组合方式

托儿所、幼儿园建筑常见的组合方式有以下几种：

（1）走廊式平面组合：以走廊（内廊或外廊、单面或双面布置房间）联系房间的方式，对组织房间、安排朝向、采光和通风等具有很多优越的条件，如图 1.71 所示。

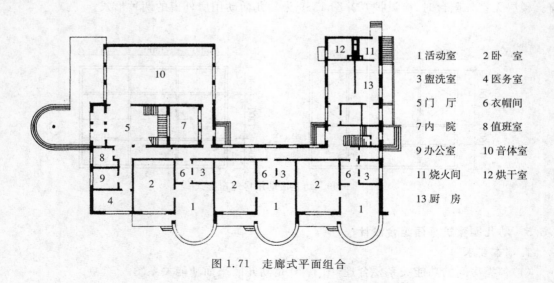

1 活动室	2 卧　室
3 盥洗室	4 医务室
5 门　厅	6 衣帽间
7 内　院	8 值班室
9 办公室	10 音体室
11 烧火间	12 烘干室
13 厨　房	

图 1.71　走廊式平面组合

（2）大厅式平面组合：以大厅为中心联系各儿童活动单元，联系方便，交通路线短捷。一般多利用大厅为多功能的公共活动，如游戏、放映、集会、演出等，如图 1.72 所示。

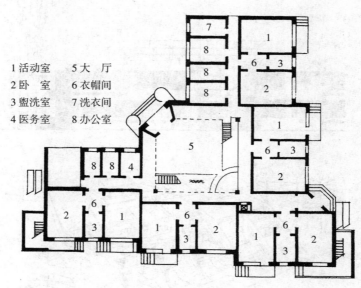

1 活动室　　5 大　厅
2 卧　室　　6 衣帽间
3 盥洗室　　7 洗衣间
4 医务室　　8 办公室

图 1.72　大厅式平面组合

（3）庭院式平面组合：围绕庭院布置各种用房称为"庭园式"或"院落式"，如图 1.73 所示。这种组合方式形成内向封闭式的室外空间，设计优美的绿化环境，布置各种儿童设施，同时兼有通风采光的作用。

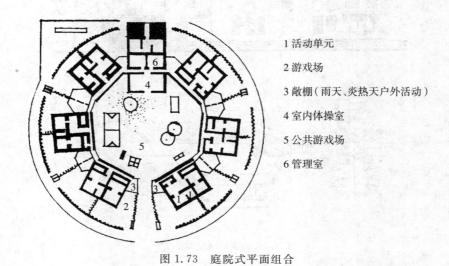

1 活动单元

2 游戏场

3 敞棚（雨天、炎热天户外活动）

4 室内体操室

5 公共游戏场

6 管理室

图 1.73　庭院式平面组合

1.3.6　幼儿园建筑体型及立面设计

幼儿园体型及立面设计要具有儿童建筑的性格特征。通过建筑的空间组合、形式处理、材料结构的特征、色彩的运用、主题重复等强化建筑性格，使建筑室内外的空间形象活泼、简洁明快，反映出儿童建筑的特点。图 1.74 为幼儿园建筑几种造型实例。

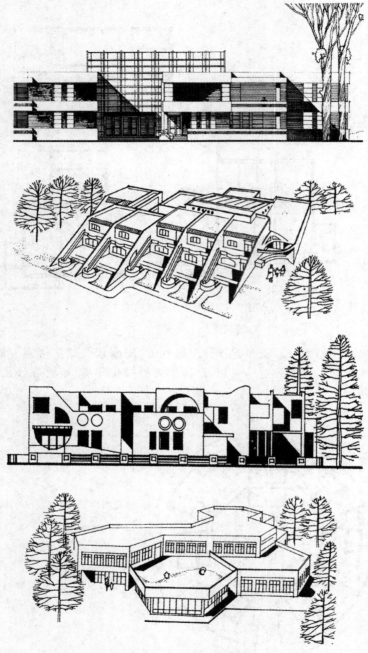

图 1.74　幼儿园造型实例

1.3.7　幼儿园建筑的结构布置

　　幼儿园建筑由于层数较低,体量较小,可以采用砖混结构。为了保证开窗面积,一般采用横向墙体承重。此外,随着对建筑空间灵活性及抗震要求的提高,现在采用框架结构的幼儿园建筑越来越多。柱网布置及尺寸常与活动室、寝室的开间、进深保持一致,如实例四所示。

1.4　宿舍设计指导

宿舍是指有集中管理及供单身人士使用的居住建筑。目前国内宿舍多指位于企业、学校、机关用地范围内,提供给员工及学生使用的居住空间。

1.4.1　宿舍的基地选择及总平面布置

1.基地选择

(1)宿舍用地宜选择有日照条件,且采光、通风良好,便于排水的地段。

(2)宿舍选址应防止噪声和各种污染源的影响,并应符合有关卫生防护标准的规定。

(3)宿舍宜接近工作和学习地点,并宜靠近公用食堂、商业网点、公共浴室等服务配套设施,其距离不宜超过 250m。

2.总平面布置

(1)宿舍附近应有活动场地、集中绿地、自行车存放处,宿舍区内宜设机动车停车位。

(2)宿舍建筑的房屋间距应满足国家标准中有关防火及日照的要求,且应符合各地城市规划行政主管部门的相关规定。

(3)机动车不得在宿舍区内过境穿行。

图 1.75 为某高校宿舍区规划平面。

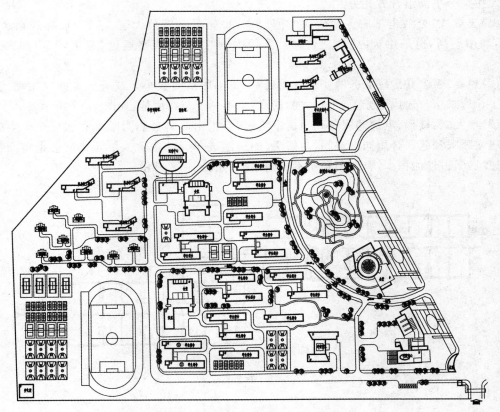

图 1.75　某高校宿舍区规划平面

1.4.2 宿舍分类

1.按居室类型分

宿舍按居室类型分为 1～4 类,其人均使用面积见表 1.16 所列。

表 1.16 居室类型与人均使用面积

项 目 \ 类型 人数	1类	2类	3类	4类	
每室居住人数(人)	1	2	3～4	6	8
人均使用面积(m²/人) 单层床、高架床	16	8	5	—	—
人均使用面积(m²/人) 双层床	—	—	—	4	3
储藏空间	壁柜、吊柜、书架				

注:本表中面积不含居室内附设卫生间和阳台面积。

2.按宿舍平面组合方式分

(1)长廊式:公共走廊服务两侧或一侧居室,每侧居室间数大于 5 间。长廊式宿舍平面紧凑,利用率高,但是建筑内使用干扰大,采用内廊时,北向居室通风、卫生较差,如图 1.76 所示。

(2)短廊式:公共走廊服务两侧或一侧居室,每侧居室间数小于或等于 5 间。短廊式宿舍改善了长廊式宿舍通风采光差、干扰大的缺点,但不利于节约用地,如图 1.77 所示。

(3)单元式:楼梯、电梯间服务几组居室组团,每组由居室分隔为睡眠和起居 2 个空间,或每组居室睡眠和起居合用同一空间,与盥洗、厕所组成单元的宿舍。单元式宿舍走道面积少,采光通风好,占地面积少,有利于利用不规则用地,如图 1.78 所示。

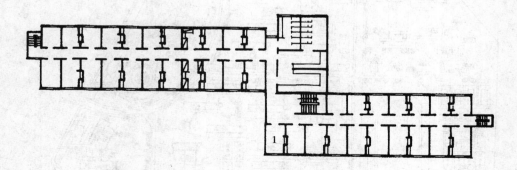

图 1.76 长廊式宿舍

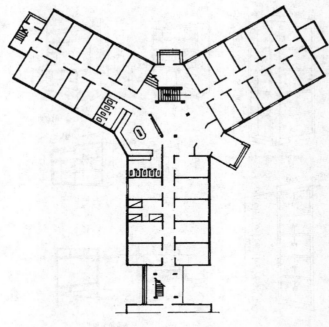

图 1.77 短廊式宿舍

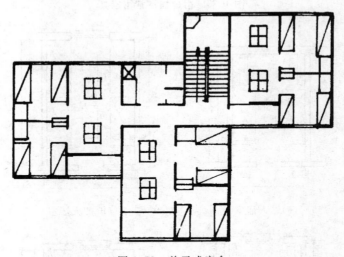

图 1.78 单元式宿舍

1.4.3 宿舍各类用房设计

1.居室设计

(1)居室的面积及平面形状应根据使用人数的多少及室内家具布置的特点确定,图 1.79 为宿舍居室内常用家具的样式及尺寸。

(2)居室内如附设卫生间,其使用面积不应小于 2m²,设有淋浴设备或 2 个坐(蹲)便器的附设卫生间,其使用面积不宜小于 3.50m²。附设卫生间内的厕位和淋浴宜设隔断。

图 1.80、图 1.81 为宿舍居室的几种布置方式。

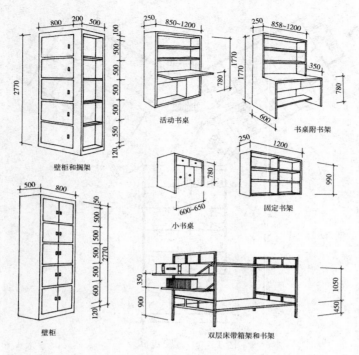

活动书桌

书桌附书架

壁柜和搁架

小书桌

固定书架

壁柜

双层床带箱架和书架

图 1.79　宿舍居室常用家具

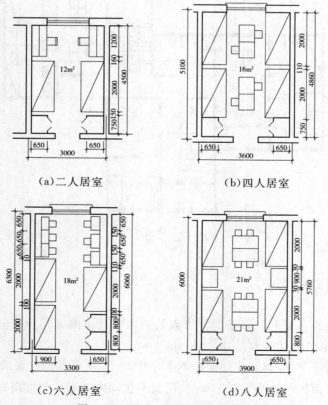

（a）二人居室　　　　　　　　　（b）四人居室

（c）六人居室　　　　　　　　　（d）八人居室

图 1.80　不设卫生间的宿舍居室

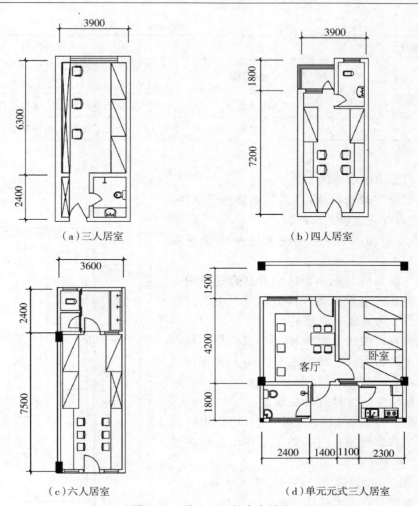

（a）三人居室　　　　　　　　　　　（b）四人居室

（c）六人居室　　　　　　　　　　　（d）单元元式三人居室

图 1.81　设卫生间的宿舍居室

2.公共用房设计

（1）公共厕所、公共盥洗室卫生设备的数量应根据每层居住人数确定，设备数量不应少于表 1.17 的规定（居室附设卫生间的宿舍建筑宜在每层另设小型公共厕所，其中大便器、小便器及盥洗龙头等卫生设备均不宜少于 2 个）；公共厕所应设前室或经盥洗室进入，前室和盥洗室的门不宜与居室门相对；公共厕所及公共盥洗室与最远居室的距离不应大于 25m（附带卫生间的居室除外）。

表 1.17　公共厕所、公共盥洗室内卫生设备数量

项目	设备种类	卫生设备数量
男厕所	大便器	8 人以下设一个；超过 8 人时，每增加 15 人或不足 15 人增设一个
	小便器	每 15 人或不足 15 人设一个
	洗手盆	与盥洗室分设的厕所至少设一个
	污水池	公用卫生间或盥洗室设一个

（续表）

项目	设备种类	卫生设备数量
女厕所	大便器	6人以下设一个；超过6人时，每增加12人或不足12人增设一个
	洗手盆	与盥洗室分设的厕所至少设一个
	污水池	公用卫生间或盥洗室设一个

注：盥洗室不应男女合用。

（2）每层设置卫生清洁间。

（3）在每层设置开水设施，可设置单独的开水间，也可在盥洗室内设置电热开水器。

（4）宜设公共洗衣房，也可在盥洗室内设洗衣机位。

（5）夏热冬暖地区和温和地区应在宿舍建筑内设淋浴设施，其他地区可根据条件设分散或集中的淋浴设施，每个浴位服务人数不应超过15人。

（6）管理室宜设置在主要出入口处，其使用面积不应小于 $8m^2$；主要出入口处设置会客空间，其使用面积不宜小于 $12m^2$。

（7）公共活动室（空间）宜每层设置。100人以下，人均使用面积为 $0.30m^2$；101人以上，人均使用面积为 $0.20m^2$。公共活动室（空间）的最小使用面积不宜小于 $30m^2$。

图1.82、图1.83为宿舍公共用房布置示例。

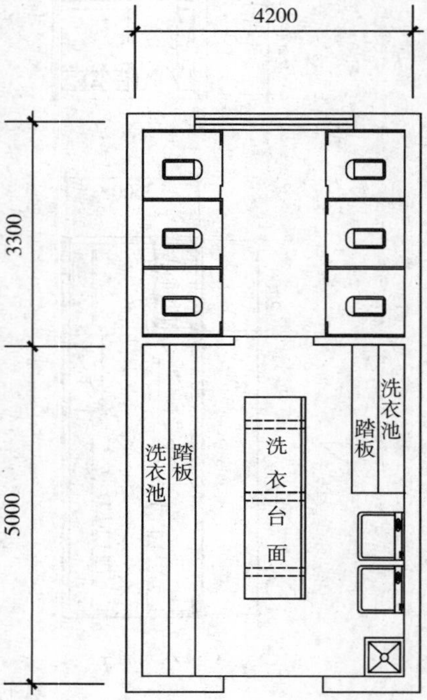

3.楼梯、电梯和安全出口

宿舍的安全疏散除符合现行国家标准《建筑设计防火规范》中的相关规定外，还应满足以下条件：

图1.82　宿舍公共厕所及盥洗室

（1）楼梯间应直接采光、通风。

（2）宿舍安全出口门不应设置门槛，其净宽不应小于1.40m。

（3）楼梯门、楼梯及走道总宽度应按每层通过人数每100人不小于1.00m计算，且梯段净宽不应小于1.20m。

（4）宿舍楼梯踏步宽度不应小于0.27m，踏步高度不应大于0.165m，扶手高度不应小于0.90m。楼梯水平段栏杆长度大于0.50m时，其扶手高度不应小于1.05m；小学宿舍楼梯踏步宽度不应小于0.26m，踏步高度不应大于0.15m。楼梯扶手应采用竖向栏杆，且杆件间净宽不应大于0.11m，楼梯井净宽不应大于0.20m。

4.门窗和阳台

（1）居室和辅助房间的门洞口宽度不应小于0.90m，阳台门洞口宽度不应小于0.80m，居室内附设卫生间的门洞口宽度不应小于0.70m，设亮窗的门洞口高度不应小于2.40m，不设亮窗的门洞口高度不应小于2.10m。

（2）宿舍的外窗窗台不应低于0.90m，当低于0.90m时应采取安全防护措施；开向公共走

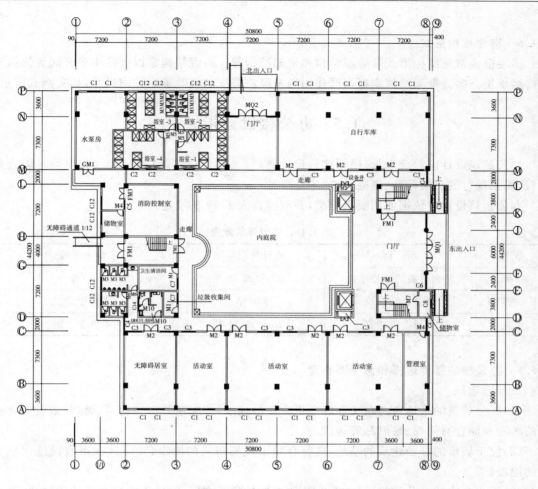

图 1.83 宿舍公共用房布局

道的窗扇,其底面距本层地面的高度不宜低于 2m。当低于 2m 时不应妨碍交通,并避免视线干扰;宿舍居室外窗不宜采用玻璃幕墙。

(3)宿舍宜设阳台,阳台进深不宜小于 1.20m。各居室之间或居室与公共部分之间毗连的阳台应设分室隔板;低层、多层宿舍阳台栏杆净高不应低于 1.05m;中高层、高层宿舍阳台栏杆净高不应低于 1.10m;中高层、高层宿舍及寒冷、严寒地区宿舍的阳台宜采用实心栏板。

1.4.4 层高和净高

居室布置单层床时,层高不宜低于 2.80m,净高不应低于 2.60m;布置双层床或高架床时,层高不宜低于 3.60m,净高不应低于 3.40m。

1.4.5 宿舍体型及立面设计

宿舍体型及立面设计与住宅有相似之处,多利用阳台、门窗等重复要素构成某种韵律和节奏,形成朴素大方的风格。如实例七、八所示。

1.4.6　宿舍结构形式

多层宿舍常见结构形式有砖混结构和框架结构等。砖混结构常以居住用房开间为依据确定横墙承重方案。框架结构则根据居住用房及经济跨度的模数确定柱网尺寸,如实例五所示。

1.5　办公楼设计指导

办公建筑设计应符合现行《民用建筑设计通则》、《办公建筑设计规范》、《建筑设计防火规范》及国家现行的相关标准、规范。

办公建筑设计应依据使用要求分类,并应符合表 1.18 的规定:

表 1.18　办公建筑分类

类别	示　例	设计使用年限	耐火等级
一类	特别重要的办公建筑	100 年或 50 年	一级
二类	重要办公建筑	50 年	不低于二级
三类	普通办公建筑	25 年或 50 年	不低于二级

1.5.1　办公楼的基地选择和总平面布置

1. 基地选择

(1)办公建筑的基地应选在交通和通讯方便的地段,并应避开产生粉尘、煤烟、散发有害物质的场所和储存有易爆、易燃品等地段.

(2)位于城市的办公建筑的基地,应符合城市规划布局的要求,并应选在市政设施比较完善的地段。

(3)工业企业的办公建筑,可在企业基地内选择联系方便,污染影响最小的地段建造,并应符合安全、卫生和环境保护等法规的有关规定。

2. 总平面布置

(1)总平面布置应合理布局、功能分区明确、节约用地、交通组织顺畅,并应满足当地城市规划行政主管部门的有关规定和指标。

(2)总平面布置应进行环境和绿化设计。绿化与建筑物、构筑物、道路和管线之间的距离,应符合有关标准的规定。

(3)当办公建筑与其他建筑共建在同一基地内或与其他建筑合建时,应满足办公建筑的使用功能和环境要求,分区明确,宜设置单独出入口。

(4)总平面应合理布置设备用房、附属设施和地下建筑的出入口。锅炉房、厨房等后勤用房的燃料、货物及垃圾等物品的运输应设有单独通道和出入口。

(5)基地内应设置机动车和非机动车停放场地(库)。

1.5.2　建筑设计

1. 一般规定

(1)办公建筑应根据使用性质、建设规模与标准的不同,确定各类用房。一般由办公用房、公共用房、服务用房等组成。

（2）办公建筑应根据使用要求，结合基地面积、结构选型等情况按建筑模数选择开间和进深，合理确定建筑平面（图 1.84），并为今后改造和灵活分隔创造条件。

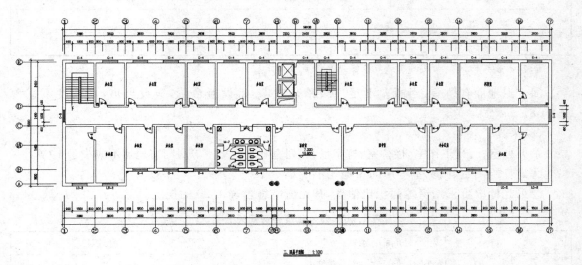

图 1.84　某办公楼平面

（3）五层及五层以上办公建筑应设电梯，电梯数量应满足使用要求，按办公建筑面积每5000m² 至少设置 1 台。

（4）窗

①底层及半地下室外窗宜采取防范措施。

②高层办公建筑采用大面积玻璃窗或玻璃幕墙时应设擦窗设施。

③外窗不宜过大，可开启面积不应小于窗面积的 30%，并应有良好的气密性、水密性和保温隔热性能，满足节能要求。全空调的办公建筑外窗开启面积应满足火灾排烟和自然通风要求。

（5）门

①办公室门洞口宽度不应小于 1m，高度不应小于 2.10m。

②机要办公室、财务办公室、重要档案库和贵重仪表间的门应采取防盗措施，室内宜设防盗报警装置。

（6）门厅

①门厅一般可设传达室、收发室、会客室。根据使用需要也可设门廊、警卫室、衣帽间和电话间等。

②门厅应与楼梯、过厅、电梯厅邻近。

③严寒和寒冷地区的门厅，应设门斗或其他防寒设施。

④有中庭空间的门厅应组织好人流交通，并应满足现行国家防火规范规定的防火疏散要求。

（7）走道

①走道最小净宽不应小于表 1.19 的规定。

表 1.19　走道最小净宽

走道长度	走道净宽(m)	
(m)	单面布房	双面布房
≤40	1.30	1.50
>40	1.50	1.80

注：内筒结构的回廊式走道净宽最小值同单面布房走道。

②走道地面有高差,当高差不足二级踏步时,不得设置台阶,应设坡道,其坡度不宜大于1∶8。

(8)采光

①办公室、研究工作室、接待室、打字室、陈列室和复印机室等房间窗地比不应小于1∶6。

②设计绘图室、阅览室等房间窗地比不应小于1∶5。

③采光标准可采用窗地面积比估算,其比值应符合表 1.20 的规定。

表 1.20　办公建筑各房间采光要求

房间类别	窗地比
设计室、绘图室、阅览室等	≥1/3.5
办公室、会议室、研究工作室、接待室、打字室等	≥1/5
复印室、档案室	≥1/7
走道、楼梯间、卫生间、厕所、门厅	≥1/12

注：窗地比为该房间侧窗洞口面积与该房间地面面积之比。

(9)隔声

①办公用房、会议室、接待室等允许噪声级不应大于 55dB(A 声级),电话总机房、计算机房、打字室、图书阅览室等允许噪声级不应大于 50dB(A 声级)。

②电梯井道及产生噪声的设备机房,不宜与办公用房、会议室贴邻,否则应采取消声、隔声、减振等措施。

(10)超高层办公建筑的避难层(区)、屋顶直升飞机停机坪等的设置应执行国家和专业部门的有关规定。

(11)根据办公建筑分类,办公室的净高应满足:一类办公建筑不应低于 2.70m;二类办公建筑不应低于 2.60m;三类办公建筑不应低于 2.50m。

办公建筑的走道净高不应低于 2.20m,贮藏间净高不应低于 2.00m。

2.办公用房

(1)办公用房包括普通办公室和专用办公室。专用办公室包括设计绘图室与研究工作室等。

(2)办公用房宜有良好的朝向和自然通风,并不宜布置在地下室。

(3)普通办公室应符合下列要求:

①宜设计成单间式办公室、开放式办公室或半开放式办公室;特殊需要可设计成单元式办公室、公寓式办公室或酒店式办公室;

②开放式和半开放式办公室大空间式办公室在布置吊顶上的通风口、照明、防火设施等时,应尽可能为自行分隔或装修创造条件,有件的工程宜设计成模块式吊顶。

③带有独立卫生间的单元式办公室和公寓式办公室的卫生间宜直接对外通风采光,条件不允许时,应有机械通风措施;

④机要部门办公室应相对集中,与其他部门宜适当分隔。

⑤值班办公室可根据使用需要设置,重要办公建筑设有夜间总值班室时,可设专用卫生间。

⑥普通办公室每人使用面积不应小于 4m²,单间办公室净面积不宜小于 10m²。

⑦一般办公室系常用 3600 开间及 5400 进深的平面尺寸;办公室常用开间、进深及层高尺寸见表 1.21 所列;办公室的家具布置间距见图 1.85。办公室的布置形式如图 1.86 所示。

表 1.21 办公室常用开间、进深及层高尺寸

尺寸名称	尺寸
开间	3000、3300、3600、6000、6600、7200
进深	4800、5400、6000、6600
层高	3000、3300、3400、3600

(4)专用办公室

①设计绘图室宜采用大房间或大空间,或用灵活隔断、家具等把大空间进行分隔;研究工作室(不含实验室)宜采用单间式,自然科学研究工作室宜靠近相关的实验室。

②应避免西晒和眩光。

③应利用室内空间或隔墙设置橱柜。

④设计绘图室,每人使用面积不应小于 6m²。研究工作室,每人使用面积不应小于 5m²。

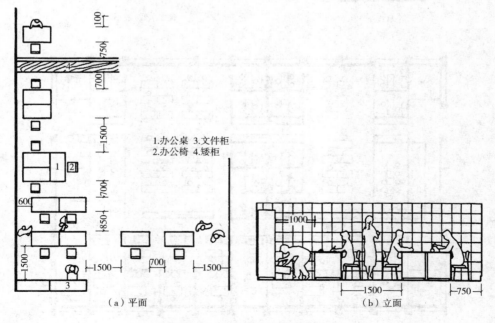

1.办公桌 3.文件柜
2.办公椅 4.矮柜

(a)平面　　　　　　　　　(b)立面

图 1.85 办公室家具布置间距

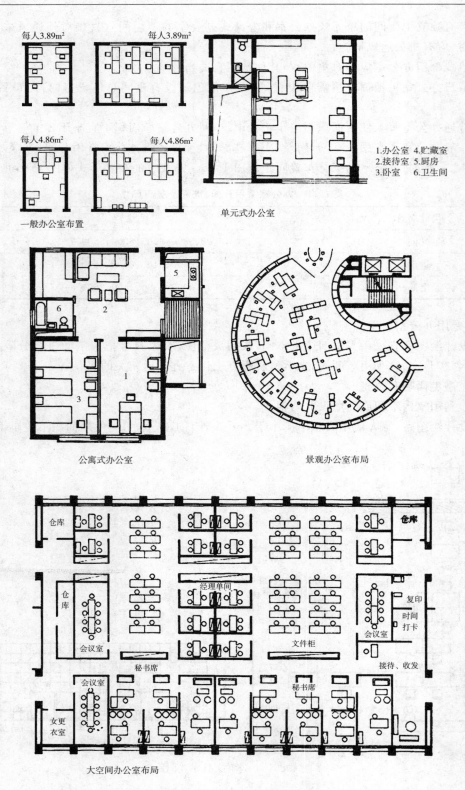

每人3.89m²　　每人3.89m²

每人4.86m²　　每人4.86m²

一般办公室布置

单元式办公室

1.办公室　4.贮藏室
2.接待室　5.厨房
3.卧室　　6.卫生间

公寓式办公室　　　　　景观办公室布局

仓库　　　　　　　　　　　　　仓库

仓库
会议室　　经理单间

文件柜　　会议室

复印
时间
打卡

接待、收发

秘书席

会议室　　　　　　秘书席

女更
衣室

大空间办公室布局

图 1.86　办公室布局形式

3.公共用房

(1)公共用房宜包括会议室、对外办事厅、接待室、陈列室、公用卫生间、开水间等。

(2)会议室

①会议室根据需要可分设大、中、小会议室。会议桌的形式(图 1.87)有以下几种：

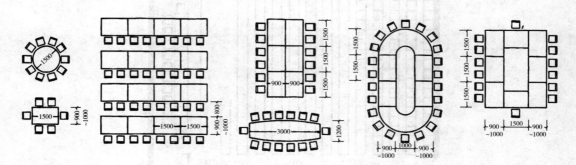

图 1.87　会议桌形式

②中、小会议室可分散布置(图 1.88)。小会议室使用面积宜为 30m² 左右,中会议室使用面积宜为 60m² 左右;中、小会议室每人使用面积:有会议桌的不应小于 1.80m²,无会议桌的不应小于 0.80m²。

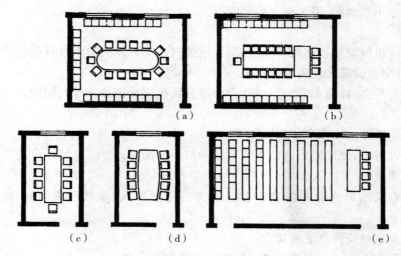

图 1.88　小会议室平面布置示例

③大会议室(图 1.89)应根据使用人数和桌椅设置情况确定使用面积,平面长宽比不宜大于 2∶1,宜有扩声、放映、多媒体、投影、灯光控制等设施,并应有隔声、吸声和外窗遮光措施;大会议室所在层数、面积和安全出口的设置等应符合国家现行有关防火规范的要求。

④会议室应根据需要设置相应的贮藏及服务空间。大会议室应根据使用人数和桌椅设置情况确定使用面积。会议厅所在层数和安全出口的设置等应符合防火规范的要求,并应根据语言清晰度要求进行设计。

(3)接待室

①接待室根据使用要求设置,专用接待室应靠近使用部门;行政办公建筑的群众来访接待

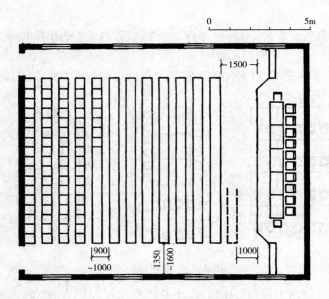

图 1.89　大会议室平面布置示例

室宜靠近基地出入口,与主体建筑分开单独设置,或靠近主要出入口。

②宜设置专用茶具间、卫生间和贮藏间等。

（4）陈列室

①陈列室应根据需要和使用要求设置,专用陈列室应对陈列效果进行照明设计,避免阳光直射及眩光,外窗宜设避光设施。

②可利用会议室、接待室、走道、过厅等的部分面积或墙面兼作陈列空间。

（5）厕所

①厕所距离最远的工作点不应大于 50m。

②厕所应设前室,公用厕所的门不宜直接开向办公用房、门厅、电梯厅等主要公共空间;前室内宜设置洗手盆。

③厕所应有天然采光和不向邻室对流的直接自然通风,条件不许可时,应设机械排风装置。

④卫生洁具数量应符合下列规定:

A. 男厕所每 40 人设大便器一具,每 30 人设小便器一具;

B. 女厕所每 20 人设大便器一具;

C. 洗手盆每 40 人设一具。

注:a. 每间厕所大便器三具以上者,其中一具宜设坐式大便器。

　　b. 设有大会议室的楼层应相应增加厕位。

　　c. 专用卫生间可只设坐式大便器、洗手盆和面镜。

（6）开水间

①应根据办公建筑层数和当地饮水习惯集中或分层设置开水间或饮用水供应点。

②开水间宜直接采光和通风,条件不许可时应设机械排风装置。

③开水间内应设置倒水池和地漏,并宜设洗涤茶具和倒茶渣的设施。

4. 服务用房

(1)服务用房包括一般性服务用房和技术性服务用房。一般性服务用房为：打字室、档案室、资料室、图书阅览室、贮藏间、汽车停车库、自行车停车库、卫生管理设施间等；技术性服务用房为：电话总机房、计算机房、电传室、复印室、晒图室、设备机房等。

(2)打字室

①人员多的打字室可分设收发校样间、打字间、油印间、装订间(图1.90)等。

②打字间应光线充足、通风良好、避免西晒。

③设多台打字机的打字间宜考虑隔声措施。

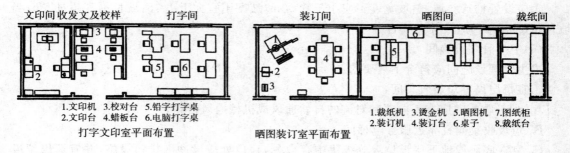

1.文印机　3.校对台　5.铅字打字桌
2.文印台　4.蜡板台　6.电脑打字桌

打字文印室平面布置

1.裁纸机　3.烫金机　5.晒图机　7.图纸柜
2.装订机　4.装订台　6.桌子　8.裁纸台

晒图装订室平面布置

图 1.90　打字室平面布置

(3)档案室、资料室、图书阅览室。

①可根据规模大小和工作需要分设若干不同用途的房间(如库房、管理间、查阅间或阅览间)，见图1.91。

②档案、资料库和书库应采取防火、防潮、防尘、防蛀、防紫外线等措施。地面应用不起尘、易清洁的面层，并设机械排风装置。

③档案、资料查阅间和图书阅览室应光线充足、通风良好、避免阳光直射及眩光。

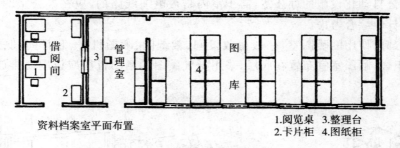

资料档案室平面布置

1.阅览桌　3.整理台
2.卡片柜　4.图纸柜

图 1.91　资料档案室平面布置

(4)汽车停车库

①汽车停车库的设计应符合现行的《汽车库设计防火规范》的规定。

②小汽车每辆停放面积应根据车型、建筑平面、结构类型与停车方式确定，一般为 25～30m²(含停车库内汽车进出通道)。

③地下汽车停车库应符合下列要求：

1)应设置排气通风装置。

2)应设封闭楼梯间通至地面层，并不与上层楼梯间连通。

3)设有 3 台以上电梯的办公建筑,宜将一台电梯通至地下汽车停车库;该电梯于停车库内应设前室,前室门应采用乙级防火门或防火卷帘门。

④停放车辆超过 25 辆的汽车停车库宜设置驾驶员休息室,休息室应靠近安全出口处。

(5)非机动车停车库

①净高不得低于 2m。

②每辆停放面积宜为 1.50～1.80m²。

③300 辆以上的非机动车地下停车库,出入口不应少于 2 个,出入口的宽度不应小于 2.50m。

④应设置推行斜坡,斜坡宽度不应小于 0.30m,坡度不宜大于 1∶5,坡长不宜超过 6m;当坡长超过 6m 时,应设休息平台。

(6)卫生管理设施间

卫生管理设施间应符合下列要求:

①宜每层设置垃圾收集间:

A. 垃圾收集间应有不向邻室对流的自然通风或机械通风措施。

B. 垃圾收集间宜靠近服务电梯间。

C. 宜在底层或地下层设垃圾分级集中存放处,存放处应设冲洗排污设施,并有运出垃圾的专用通道。

②每层宜设清洁间,内设清扫工具存放空间和洗涤池,位置应靠近厕所间。

(7)技术性服务用房

①电话总机房,计算机房,电传室,大型复印机室,晒图室和设备机房应根据选用机型和工艺要求进行建筑平面和相应的室内环境设计。

②微型计算机与大型计算机的终端、小型文字处理机、台式复印机以及碎纸机等办公自动化设施可设置在办公室内。

③设有办公自动化设施的办公室,需于室内暗敷电缆线路的,应在办公室的顶棚、墙面或楼地面构造设计中综合考虑。

④供设计部门使用的晒图室,一般由收发间、裁纸间、晒图机房、装订间、底图库、晒图纸库、废纸库等组成.晒图室宜布置在底层,采用氨气熏图的晒图机房应设废气排放装置和处理设施。

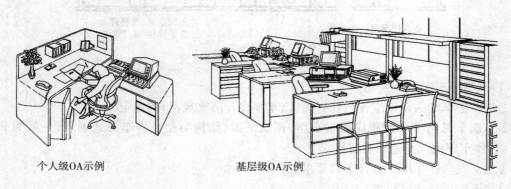

个人级OA示例　　　　　　基层级OA示例

图 1.92　办公自动化设施示例

1.6 建筑构造设计指导

1.6.1 楼梯构造设计指导

楼梯设计应满足《民用建筑设计通则》里的相关规范要求。

1. 楼梯的分类

(1) 按平面形式分

①直跑楼梯:具有方向单一、贯通空间的特点,如图 1.93(a)。

②双分平行和双分转角楼梯:均衡对称,庄重典雅,如图 1.93(b)。

③双跑楼梯和三跑楼梯:一般用于不对称的平面布局,最常使用,如图 1.93(c)。

④交叉楼梯和剪刀楼梯:既有利于人流疏散,又节省空间,如图 1.93(d)。

⑤弧形楼梯和螺旋楼梯:增加空间的活泼气氛,起到装饰效果,如图 1.93(e)。

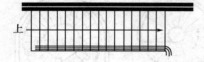

(a) 直跑楼梯

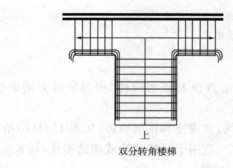
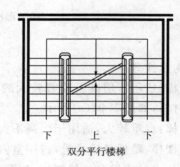

双分转角楼梯   双分平行楼梯

(b) 双分楼梯

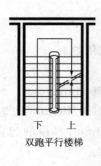
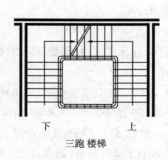

双跑平行楼梯   三跑楼梯   三角形三跑楼梯

(c) 双跑楼梯和三跑楼梯

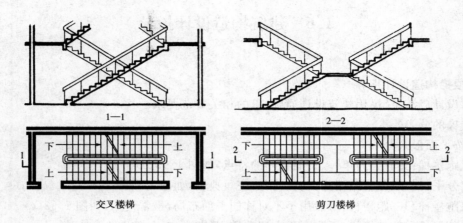

1—1　　　　　　　　　　2—2

交叉楼梯　　　　　　　　剪刀楼梯

(d)交叉楼梯和剪刀楼梯

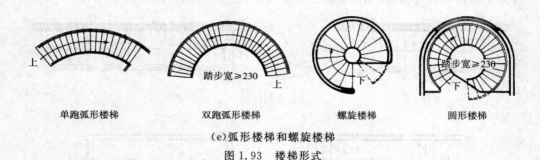

单跑弧形楼梯　　　双跑弧形楼梯　　　螺旋楼梯　　　圆形楼梯

(e)弧形楼梯和螺旋楼梯

图1.93　楼梯形式

(2)按结构形式分

①梁式楼梯:适用于层高及荷载较大的楼梯,有现浇和预制两种,预制的可采用混凝土、钢、木或组合材料,如图1.94(a)所示。

②板式楼梯:自重较大,适用于层高不大的建筑,有现浇和预制两种,如图1.94(b)所示。

③悬挑式楼梯:踏板悬挑承重,占用室内空间少,适用于居住建筑或辅助楼梯,踏板可用钢筋混凝土、金属、木材或组合材料制作,如图1.94(c)所示。

④悬挂式楼梯:踏板悬挂承重,占用室内空间少,安装要求较高,踏板可用钢筋混凝土、金属、木材或组合材料制作,1.94(d)所示。

2.楼梯的模数协调

(1)楼梯间开间及进深的尺寸应符合水平扩大模数3M的整数倍数。

(2)楼层高度应采用下列参数:

①2600、2700、2800、2900、3000、3100、3200、3300、3400、3500、3600mm;

②3600、3900、4200、4500、4800、5100、5400、5700、6000mm及其他300mm的整数倍数。

(3)梯段净高应不小于2200mm,平台部分净高应不小于2000mm,梯段的起止踏步前缘与顶部凸出物内边缘线的水平距应不小于300mm,如图1.95所示。

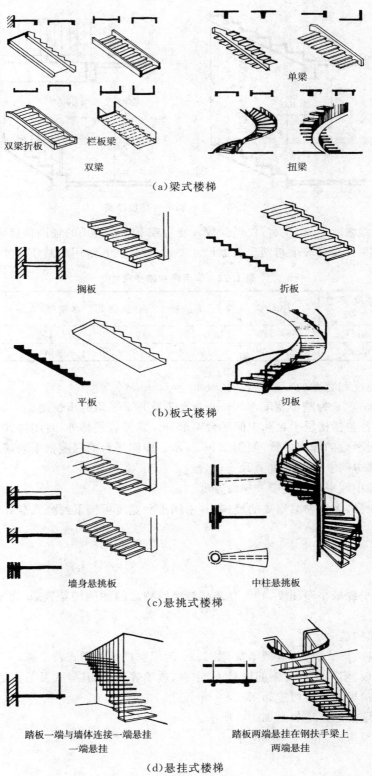

（a）梁式楼梯

（b）板式楼梯

（c）悬挑式楼梯

（d）悬挂式楼梯

图 1.94　楼梯结构形式

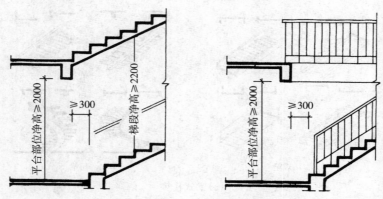

图 1.95　楼段和平台部位净高

（4）楼梯适宜坡度为 30°左右，仅供少数人使用或不经常使用的辅助楼梯则允许坡度较陡，但也不宜超过 38°。楼梯坡度与踏步长宽尺寸关系是对应的，常用的踏步尺寸见表 1.22 所列。

表 1.22　常用楼梯踏步尺寸

建筑类型 踏步尺寸	住宅	学校、办公楼	剧院、会堂	医院（病人用）	幼儿园
踏步高（mm）	156～175	140～160	120～150	150	120～150
踏步宽（mm）	260～300	280～340	300～350	300	260～300

计算踏步高度和宽度的一般公式为：$2r+g=600mm$

式中，r 为踏步高度，g 为踏步宽度，600mm 为女子及儿童平均跨步长度。

（5）楼梯平台包括楼层平台和中间平台两部分。除开放楼梯外，封闭楼梯和防火楼梯的楼层平台应与中间平台的深度一致，如图 1.96 所示。中间平台的深度依下列情况确定：

①直跑楼梯中间平台深度宜 $\geqslant 2g+r$

②双跑楼梯中间平台深度应 $\geqslant$ 梯段宽度

③有搬运家具、大型物品需要的楼梯，其中间平台宽度可按下列公式验算：

$$D=100+\sqrt{(\frac{b}{2})^2+a^2}$$

式中，D 为中间平台最小净深度，100 为家具与建筑物之间的间隙距离，a 为家具宽度，b 为家具长度。

3.楼梯细部构造

（1）漏空栏杆：形式较多，造型丰富，图 1.97 为漏空栏杆的样式及节点。

（2）实心栏板：实习栏板有钢筋混凝土、木材、玻璃等形式，其样式及节点如图 1.98 所示。

（3）栏杆与踏板的连接构造如图 1.99 所示。

（4）扶手与墙面的连接如图 1.100 所示。

（5）踏步防滑构造如图 1.101 所示。

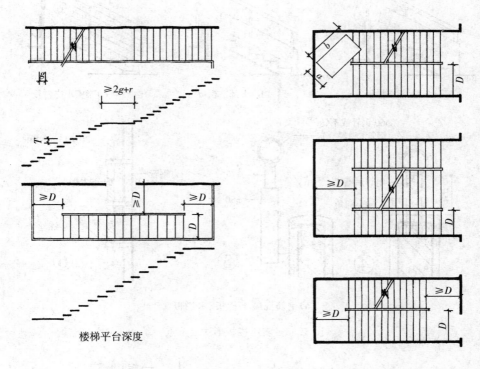

图 1.96 楼梯平台深度

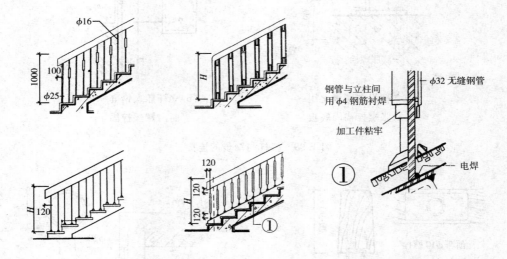

图 1.97 漏空栏杆形式及节点

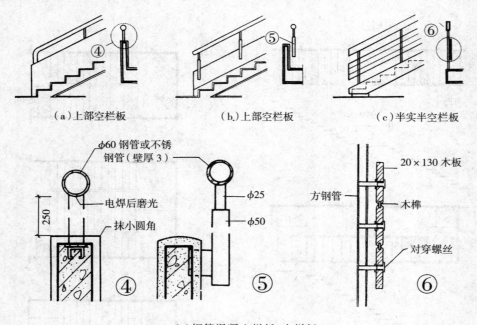

（a）上部空栏板　　　　　（b）上部空栏板　　　　　（c）半实半空栏板

（a）钢筋混凝土栏板、木栏板

图 1.98　实心栏板形式及节点

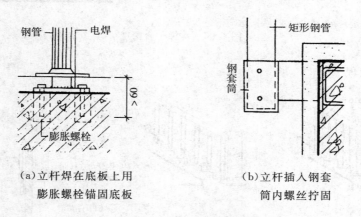

（a）立杆焊在底板上用　　　　　（b）立杆插入钢套
膨胀螺栓锚固底板　　　　　筒内螺丝拧固

图 1.99　栏杆与踏步的连接

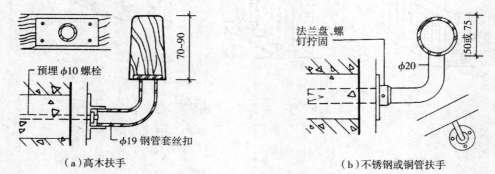

（a）高木扶手　　　　　（b）不锈钢或铜管扶手

图 1.100　扶手与墙面的连接

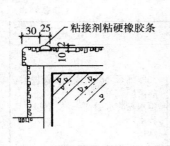

（a）橡胶防滑条

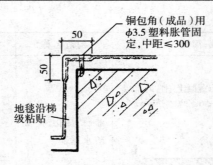

（b）粘贴地毯踏步加压条

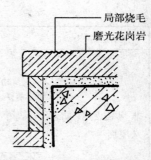

（c）花岗岩踏步烧毛防滑条

图 1.101　踏步防滑构造

1.6.2　屋面构造设计指导

1. 平屋面组成和技术要求

（1）保护层：对防水层或保温层起防护作用的构造层。

（2）隔离层：在刚性防水层、刚性保护层下面，或两道防水层之间设置，以减少结构层与防水层或防水层之间相互变形影响而产生渗漏。隔离层一般采用低等级砂浆、无纺布、粉砂等。

（3）隔热层：炎热地区屋面设置屋面隔热层，隔热方法有架空板隔热、蓄水隔热、种植隔热、隔热块材隔热等。

（4）防水层：是屋面的基本构造层，隔绝水、不使水向建筑物内部渗透的构造层，分Ⅰ、Ⅱ两个等级，详细要求见表 1.23 所列。

表 1.23　屋面防水等级和设防要求

防水等级	建筑类别	设防要求
Ⅰ级	重要建筑和高层建筑	两道防水设防
Ⅱ级	一般建筑	一道防水设防

（5）保温层：保温层应选择具有憎水性、导热系数小和质轻的保温材料，厚度需要通过热工计算确定。

（6）隔气层：为防止因室内湿气渗入保温层而结露，影响保温效果，应在结构层与保温层之间增设隔气层，隔气层可用卷材或其他不透气的材料。

表 1.24 为平屋面常用构造形式。

表 1.24　平屋面常用构造形式

构造名称	构造简图	构造名称	构造简图
非保温单道柔性防水屋面	保护层 卷材或涂膜防水层 找平层 结构层	非保温单道柔性防水上人屋面	刚性或块体保护层 隔离层 卷材或涂膜防水层 找平层 结构层

（续表）

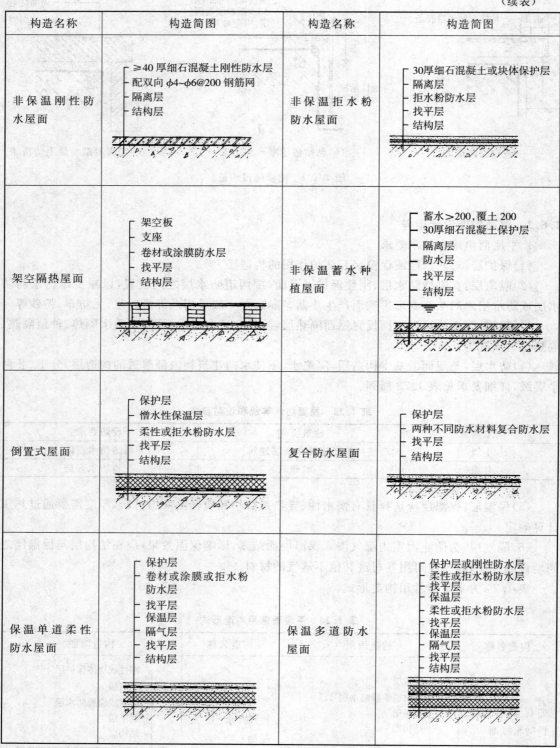

构造名称	构造简图	构造名称	构造简图
非保温刚性防水屋面	≥40厚细石混凝土刚性防水层 配双向 φ4~φ6@200 钢筋网 隔离层 结构层	非保温拒水粉防水屋面	30厚细石混凝土或块体保护层 隔离层 拒水粉防水层 找平层 结构层
架空隔热屋面	架空板 支座 卷材或涂膜防水层 找平层 结构层	非保温蓄水种植屋面	蓄水＞200，覆土200 30厚细石混凝土保护层 隔离层 防水层 找平层 结构层
倒置式屋面	保护层 憎水性保温层 柔性或拒水粉防水层 找平层 结构层	复合防水屋面	保护层 两种不同防水材料复合防水层 找平层 结构层
保温单道柔性防水屋面	保护层 卷材或涂膜或拒水粉防水层 找平层 保温层 隔气层 找平层 结构层	保温多道防水屋面	保护层或刚性防水层 柔性或拒水粉防水层 找平层 保温层 柔性或拒水粉防水层 找平层 保温层 隔气层 找平层 结构层

2.平屋面排水平面设计

(1)平屋面排水区:一般按每个雨水口排除 $150\sim200\mathrm{m^2}$(水平投影)面积划分。

(2)屋面进深和排水的关系:进深超过 12m 的平屋面不宜采用单坡排水。

(3)高低跨屋面排水:高处屋面雨水口集水面积≤$100\mathrm{m^2}$ 时,高处屋面雨水管可直接排在低处屋面上,出水口处设防护板;集水面积≥$100\mathrm{m^2}$ 时,高处屋面雨水管应直接与低处屋面雨水管或雨水排除系统连接。

(4)檐沟与天沟:钢筋混凝土檐沟和天沟宽应≥200,分水线处最小深度应≥80。

(5)沟内最小纵坡:钢筋混凝土檐沟、天沟不应小于 1‰,金属檐沟、天沟的纵向坡度宜为0.5‰。

(6)雨水管最大间距:有外檐天沟,不宜大于 24m,无外檐天沟,内排水不宜大于 15m。

(7)雨水管内直径:工业建筑 $100\sim200\mathrm{mm}$,民用建筑≥100mm。

图 1.102 为平屋面常用排水形式。

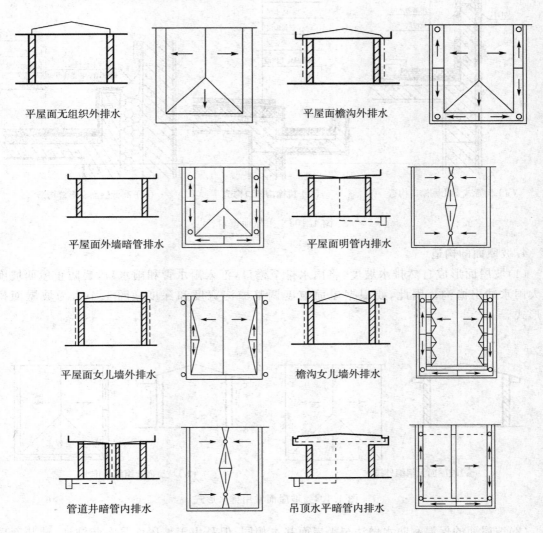

图 1.102　平屋面常用排水形式

3. 平屋面细部构造

（1）檐口及泛水构造：考虑排水要求、结构要求、施工条件和立面美观等因素，确定檐沟板的断面形式和尺寸以及支承方式；做好檐沟处的泛水处理。

（2）女儿墙外排水或内排水：包括女儿墙泛水构造、女儿墙压顶构造以及屋面构造等，还应根据泛水要求和立面设计要求，确定女儿墙的高度。

（3）檐沟女儿墙外排水：确定檐沟的形式、尺寸、支承方式及防水构造，确定女儿墙处的泛水沟造、女儿墙压顶做法和排水口的高度等。

图 1.103 为几种平屋面檐口及变形缝构造。

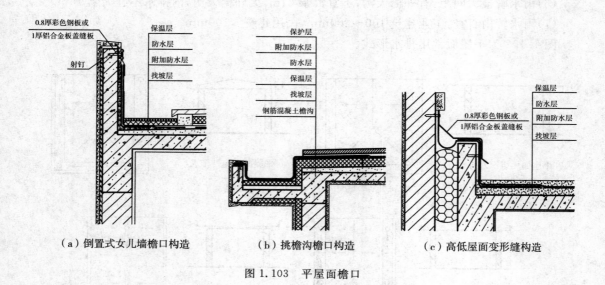

（a）倒置式女儿墙檐口构造　　　　（b）挑檐沟檐口构造　　　　（c）高低屋面变形缝构造

图 1.103 平屋面檐口

4. 坡屋面的构造

（1）坡屋面形成自然排水坡度，将雨水排至檐口，汇入雨水管和雨水口，要防止屋面坡度过大雨水冲出檐沟。因此，要根据屋面坡度调整檐沟宽度和深度。图 1.104 为坡屋面排水形式。

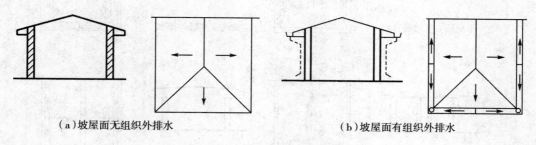

（a）坡屋面无组织外排水　　　　　　（b）坡屋面有组织外排水

图 1.104 坡屋面常用排水形式

（2）坡屋面的保温和防水做法与平屋面基本相同，但是由于坡屋面具有装饰性，铺装面层装饰瓦时，要注意不能破坏下面的保温及防水层。图 1.105 为坡屋面构造。

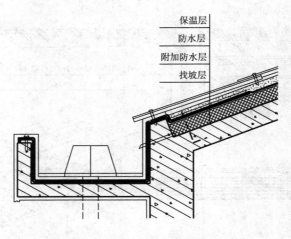

图 1.105　坡屋面构造

1.6.3　遮阳构造

　　遮阳设计应根据地区气候、技术、经济、使用房间的性质及要求等条件,根据窗户朝向选择合适的遮阳形式,综合解决遮阳、隔热、通风、采光等问题,图 1.106 为各种遮阳设施的适宜朝向。遮阳方式一般可分为水平式、垂直式、综合式、挡板式四种,其构造分为固定式及活动式两种,活动式使用灵活,但构造复杂,造价较高,一般多用固定式。图1.107～图 1.109 为几种遮阳设施的构造图。

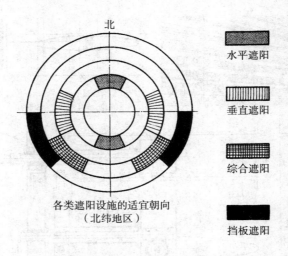

图 1.106　各类遮阳设施的适宜朝向

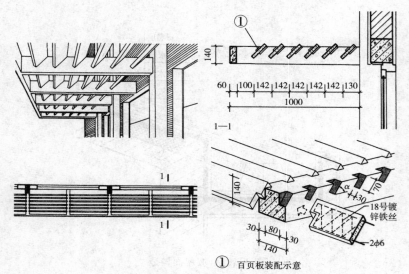

（a）固定式单层钢筋混凝土百页遮阳

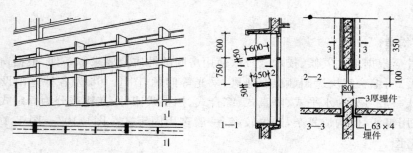

（b）固定式多层钢筋混凝土板遮阳

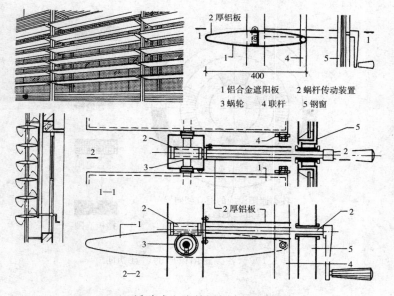

1　铝合金遮阳板　　2　蜗杆传动装置

3　蜗轮　　4　联杆　　5　钢窗

（c）活动式空腹梭形铝合金遮阳

图 1.107　水平式遮阳

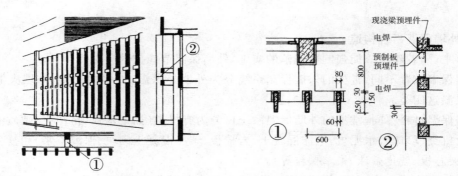

（a）固定式钢筋混凝土垂直遮阳

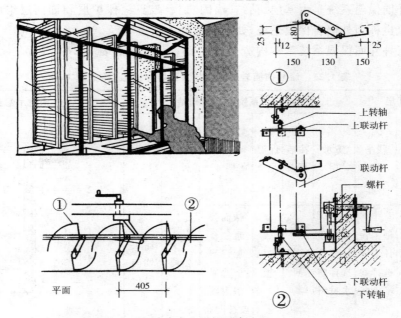

（b）活动式金属板垂直遮阳

图 1.108　垂直式遮阳

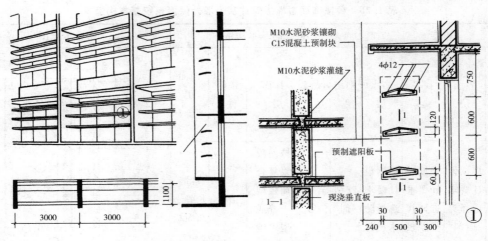

图 1.109　综合式遮阳

1.6.4 外墙保温系统构造

近年来,随着建筑节能强制性规范的实施,外墙保温节能技术应用广泛。

根据保温位置不同,常见的外墙保温系统分为外墙外保温、外墙内保温、外墙夹芯保温和墙体自保温这四类。

根据保温材料不同,常见的外墙保温系统可分为有机类(如聚苯板、挤塑板、硬质泡沫聚氨酯等)、无机类(珍珠岩水泥板、泡沫混凝土、岩棉板、蒸压混凝土砌块、保温砂浆)和复合材料类(如金属夹芯板、玻化微珠、聚苯颗粒等)。

根据保温构造组成不同,外墙保温系统分为复合外墙保温系统和单一材料外墙保温系统两类。复合外墙保温系统是由基层、粘结(锚固)层、保温层、保护层和饰面层组成。单一材料外墙保温系统也称为外墙自保温系统,如蒸压混凝土砌块墙等。

常见的三种外墙保温系统基本构造见表1.25、表1.26和表1.27所列。

表 1.25 涂装饰面岩棉板薄抹灰外墙外保温系统基本构造

基层				系统的基本构造					构造示意图
墙体	界面层	找平层	防水层	粘结层 2	保温层 3	抹面层 4	锚固件 5	饰面层 6	
混凝土墙体、各种砌体	根据设计要求选择界面剂	根据设计要求选择找平砂浆	根据设计要求选择防水材料	胶粘剂	岩棉板	抹面胶浆复合加强型＋普通型耐碳玻纤网布	锚栓	涂装饰面层	

表 1.26 幕墙饰面岩棉板薄抹灰外墙外保温系统基本构造

基层				系统的基本构造					构造示意图
墙体	界面层	找平层	防水层	粘结层 2	保温层 3	抹面层 4	锚固件 6	饰面层 5＋7	
混凝土墙体、各种砌体	根据设计要求选择界面剂	根据设计要求选择找平砂浆	根据设计要求选择防水材料	胶粘剂	岩棉板	抹面胶浆复合加强型＋普通型耐碳玻纤网布	锚栓	幕墙龙骨＋饰面板	

表 1.27 内外无机保温砂浆外墙系统基本构造

基层				系统的基本构造					构造示意图
墙体	界面层	找平层	防水层	粘结层2	保温层3	抹面层4	饰面层5		
混凝土墙体、各种砌体	根据设计要求选择界面剂	根据设计要求选择找平砂浆	根据设计要求选择防水材料	胶粘剂	水泥砂浆	抹面胶浆复合加强型+普通型耐碳玻纤网布	涂装饰面层		

第2章　建筑设计规范概述

　　建筑类型有许多种,但无论何种类型都有需要遵守的基本原则,民用建筑设计、无障碍设计、防火设计、节能设计等涉及的建筑设计规范,是深入设计的前提。本节将对民用建筑设计规范里的一些重要内容做概要论述,用于指导房屋建筑学课程设计。

2.1　《民用建筑设计通则》(GB 50352—2005)概述

2.1.1　基本规定

　　1.《民用建筑设计通则》适用于全国城市各类新建、扩建和改建的民用建筑,是各类民用建筑必须遵守的共同规则。

　　2. 建筑耐久年限以建筑物的主体结构确定分为四级:

　　一级耐久年限:100 年以上,适用于重要的建筑和高层建筑;

　　二级耐久年限:50～100 年,适用于一般性建筑;

　　三级耐久年限:25～50 年,适用于次要建筑;

　　四级耐久年限:15 年以下,适用于临时性建筑。

　　3. 民用建筑高度与层数的划分,有以下规定:

　　住宅建筑按层数划分为:1～3 层为低层;4～6 层为多层;7～9 层为中高层;10 层以上为高层。公共建筑及综合性建筑总高度超过 24m 者为高层(不包括高度超过 24m 的单层主体建筑)。建筑物高度超过 100m 时,不论住宅或公共建筑均为超高层。

　　4. 停车

　　(1)新建、扩建的居住区应就近设置停车场(库)或将停车库附建在住宅建筑内。机动车和非机动车停车位数量应符合有关规范或当地城市规划行政主管部门的规定。

　　(2)新建、扩建的公共建筑应按建筑面积或使用人数,并根据当地城市规划行政主管部门的规定,在建筑物内或同一基地内,或统筹建设的停车场(库)内设置机动车和非机动车停车车位。

　　5. 无标定人数的建筑

　　(1)建筑物除有固定座位等标明使用人数外,对无标定人数的建筑物应按有关设计规范或经调查分析确定合理的使用人数,并以此为基数计算安全出口的宽度。

　　(2)公共建筑中如为多功能用途,各种场所有可能同时开放并使用同一出口时,在水平方向应按各部分使用人数叠加计算安全疏散出口的宽度,在垂直方向应按楼层使用人数最多一层计算安全疏散出口的宽度。

　　6. 建筑热工和节能设计要符合中国建筑气候区划要求,见表 2.1 所列。

表 2.1　不同分区对建筑基本要求

分区名称		热工分区名称	气候主要指标	建筑基本要求
Ⅰ	ⅠA ⅠB ⅠC ⅠD	严寒地区	1月平均气温≤－10℃ 7月平均气温≤25℃ 7月平均相对湿度≥50%	1. 建筑物必须满足冬季保温、防寒、防冻等要求 2. ⅠA、ⅠB区应防止冻土、积雪对建筑物的危害 2. ⅠB、ⅠC、ⅠD区的西部，建筑物应防冰雹、防风沙
Ⅱ	ⅡA ⅡB	寒冷地区	1月平均气温 －10℃～0℃ 7月平均气温 18℃～28℃	1. 建筑物应满足冬季保温、防寒、防冻等要求，夏季部分地区应兼顾防热 2. ⅡA区建筑物应防热、防潮、防暴风雨，沿海地带应防盐雾侵蚀
Ⅲ	ⅢA ⅢB ⅢC	夏热冬冷地区	1月平均气温 0℃～10℃ 7月平均气温 25℃～30℃	1. 建筑物必须满足夏季防热、遮阳、通风、降温要求，冬季应兼顾防寒 2. 建筑物应防雨、防潮、防洪、防雷电 3. ⅢA区应防台风、暴雨袭击及盐雾侵蚀
Ⅳ	ⅣA ⅣB	夏热冬暖地区	1月平均气温 ＞10℃ 7月平均气温 25℃～29℃	1. 建筑物必须满足夏季防热、遮阳、通风、防雨要求 2. 建筑物应防暴雨、防潮、防洪、防雷电 3. ⅣA区应防台风、暴雨袭击及盐雾侵蚀
Ⅴ	ⅤA ⅤB	温和地区	7月平均气温 18℃～25℃ 1月平均气温 0℃～13℃	1. 建筑物应满足防雨和通风要求 2. ⅤA区建筑物应注意防寒，ⅤB区应特别注意防雷电
Ⅵ	ⅥA ⅥB	严寒地区	7月平均气温 ＜18℃ 1月平均气温 0℃～－22℃	1. 热工应符合严寒和寒冷地区相关要求 2. ⅥA、ⅥB应防冻土对建筑物地基及地下管道的影响，并应特别注意防风沙 3. ⅥC区的东部，建筑物应防雷电
	ⅥC	寒冷地区		
Ⅶ	ⅦA ⅦB ⅦC	严寒地区	7月平均气温 ≥18℃ 1月平均气温 －5℃～－20℃ 7月份平均相对湿度 ＜50%	1. 热工应符合严寒和寒冷地区相关要求 2. 除ⅦD区外，应防冻土对建筑物地基及地下管道的危害 3. ⅦB区建筑物应特别注意积雪的危害 4. ⅦC区建筑物应特别注意防风沙，夏季兼顾防热 5. ⅦD区建筑物应注意夏季防热，吐鲁番盆地应特别注意隔热、降温
	ⅦD	寒冷地区		

2.1.2　基地及场地设计

1. 建筑物与相邻基地之间应按建筑防火等级要求留出空地和道路，基地内建筑物和构筑物均不得影响本基地或其他用地内建筑物的日照标准和采光标准。

2. 除城市规划确定的永久性空地外，紧贴基地用地红线建造的建筑物不得向相邻基地方向设洞口、门、外平开窗、阳台、挑檐、空调室外机、废气排出口及排泄雨水。

3. 基地机动车出入口位置应符合下列规定

与大中城市主干道交叉口的距离,自道路红线交叉点量起不应小于 70m;与人行横道线、人行过街天桥、人行地道(包括引道、引桥)的最边缘线不应小于 5m;距地铁出入口、公共交通站台边缘不应小于 15m;距公园、学校、儿童及残疾人使用建筑的出入口不应小于 20m;当基地道路坡度大于 8% 时,应设缓冲段与城市道路连接;与立体交叉口的距离或其他特殊情况,应符合当地城市规划行政主管部门的规定。

4. 大型、特大型的文化娱乐、商业服务、体育、交通等人员密集建筑的基地应至少有一面直接临接城市道路;至少有两个或两个以上不同方向通向城市道路的(包括以基地道路连接的)出口;建筑物主要出入口前应有供人员集散用的空地,其面积和长宽尺寸应根据使用性质和人数确定;绿化和停车场布置不应影响集散空地的使用,并不宜设置围墙、大门等障碍物。

5. 建筑间距应符合防火规范要求和建筑用房天然采光的要求,并应防止视线干扰。表 2.2~表 2.4 是几种常见民用建筑的采光系数标准值;有日照要求的建筑,应符合建筑日照标准的要求,并应执行当地城市规划行政主管部门制定的建筑间距规定。

表 2.2　居住建筑的采光系数标准值

采光等级	房 间 名 称	侧 面 采 光	
		采光系数最低值 C_{min}(%)	室内天然光临界照度 (1x)
IV	起居室(厅)、卧室、书房、厨房	1	50
V	卫生间、过厅、楼梯间、餐厅	0.5	25

表 2.3　办公建筑的采光系数标准值

采光等级	房 间 名 称	侧 面 采 光	
		采光系数最低值 C_{min}(%)	室内天然光临界照度 (1x)
II	设计室、绘图室	3	150
III	办公室、视屏工作室、会议室	2	100
IV	复印室、档案室	1	50
V	走道、楼梯间、卫生间	0.5	25

表 2.4　学校建筑的采光系数标准值

采光等级	房 间 名 称	侧 面 采 光	
		采光系数最低值 C_{min}(%)	室内天然光临界照度 (1x)
III	教室、阶梯教室、实验室、报告厅	2	100
V	走道、楼梯间、卫生间	0.5	25

2.1.3 建筑物设计

1. 地震区的建筑,平面布置宜规整,不宜错层。

2. 室内净高

按楼地面完成面至吊顶或楼板或梁底面之间的垂直距离计算;当楼盖、屋盖的下悬构件或管道底面影响有效使用空间者,应按楼地面完成面至下悬构件下缘或管道底面之间的垂直距离计算;地下室、局部夹层、走道等有人员正常活动的最低处的净高不应小于2m。

3. 厕所、盥洗室、浴室

(1)建筑物的厕所、盥洗室、浴室不应直接布置在餐厅、食品加工、食品贮存、医药、医疗、变配电等有严格卫生要求或防水、防潮要求用房的上层;除本套住宅外,住宅卫生间不应直接布置在下层的卧室、起居室、厨房和餐厅的上层。

(2)卫生用房宜有天然采光和不向邻室对流的自然通风,无直接自然通风和严寒及寒冷地区用房宜设自然通风道;当自然通风不能满足通风换气要求时,应采用机械通风。

(3)公用男女厕所宜分设前室,或有遮挡措施;公用厕所宜设置独立的清洁间。

(4)卫生设备间距应符合下列规定:并列洗脸盆或盥洗槽水嘴中心间距不应小于0.70m;单侧并列洗脸盆或盥洗槽外沿至对面墙的净距不应小于1.25m;双侧并列洗脸盆或盥洗槽外沿之间的净距不应小于1.80m;并列小便器的中心距离不应小于0.65m;单侧厕所隔间至对面墙面的净距:当采用内开门时,不应小于1.10m;当采用外开门时不应小于1.30m;双侧厕所隔间之间的净距:当采用内开门时,不应小于1.10m;当采用外开门时不应小于1.30m;单侧厕所隔间至对面小便器或小便槽外沿的净距:当采用内开门时,不应小于1.10m;当采用外开门时,不应小于1.30 m。

(5)厕所和浴室隔间的平面尺寸不应小于表2.5的规定。

表 2.5 厕所和浴室隔间平面尺寸

类　别	平面尺寸(宽度 m×深度 m)
外开门的厕所隔间	0.90×1.20
内开门的厕所隔间	0.90×1.40
医院患者专用厕所隔间	1.10×1.40
无障碍厕所隔间	1.40×1.70(改建用 1.00×2.00)
外开门淋浴隔间	1.00×1.20
内设更衣凳的淋浴隔间	1.00×(1.00+0.60)
无障碍专用浴室隔间	盆浴(门扇向外开启)2.00×2.25 淋浴(门扇向外开启)1.50×2.35

4. 楼梯

(1)墙面至扶手中心线或扶手中心线之间的水平距离即楼梯梯段宽度,除应符合防火规范的规定外,供日常主要交通用的楼梯梯段宽度应根据建筑物使用特征,按每股人流为0.55+(0～0.15)m 的人流股数确定,并不应少于2股人流,公共建筑人流众多的场所应取上限值。

(2)梯段改变方向时,扶手转向端处的平台最小宽度不应小于梯段宽度,并不得小于

1.20m,当有搬运大型物件需要时应适量加宽。

(3)每个梯段的踏步不应超过 18 级,亦不应少于 3 级;踏步应采取防滑措施;楼梯踏步的高宽比应符合表 2.6 的规定。

表 2.6　楼梯踏步最小宽度和最大高度(m)

楼 梯 类 别	最小宽度	最大高度
住宅共用楼梯	0.26	0.175
幼儿园、小学校等楼梯	0.26	0.15
电影院、剧场、体育馆、商场、医院、旅馆和大中学校等楼梯	0.28	0.16
其他建筑楼梯	0.26	0.17
专用疏散楼梯	0.25	0.18
服务楼梯、住宅套内楼梯	0.22	0.20

注:无中柱螺旋楼梯和弧形楼梯离内侧扶手中心 0.25m 处的踏步宽度不应小于 0.22m。

(4)楼梯平台上部及下部过道处的净高不应小于 2m,梯段净高不宜小于 2.20m。

注:梯段净高为自踏步前缘(包括最低和最高一级踏步前缘线以外 0.30m 范围内)量至上方突出物下缘间的垂直高度。

(5)楼梯应至少于一侧设扶手,梯段净宽达 3 股人流时应两侧设扶手,达 4 股人流时宜加设中间扶手;室内楼梯扶手高度自踏步前缘线量起不宜小于 0.90m。靠楼梯井一侧水平扶手长度超过 0.50m 时,其高度不应小于 1.05m。

(6)托儿所、幼儿园、中小学及少年儿童专用活动场所的楼梯,梯井净宽大于 0.20m 时,必须采取防止少年儿童攀滑的措施,楼梯栏杆应采取不易攀登的构造,当采用垂直杆件做栏杆时,其杆件净距不应大于 0.11m。

5. 电梯、自动扶梯

(1)电梯不得计作安全出口。以电梯为主要垂直交通的高层公共建筑和 12 层及 12 层以上的高层住宅,每栋楼设置电梯的台数不应少于 2 台。

(2)自动扶梯不得计作安全出口。扶梯上下出入口畅通区的宽度不应小于 2.50m。

(3)自动扶梯的梯级或胶带上空,垂直净高不应小于 2.30m;自动扶梯的倾斜角不应超过 30°,当提升高度不超过 6m,额定速度不超过 0.50m/s 时,倾斜角允许增至 35°;自动扶梯和层间相通的自动人行道单向设置时,应就近布置相匹配的楼梯。

6. 台阶、坡道和栏杆

(1)公共建筑室内外台阶踏步宽度不宜小于 0.30m,踏步高度不宜大于 0.15m,并不宜小于 0.10m,踏步应防滑。室内台阶踏步数不应少于 2 级,当高差不足 2 级时,应按坡道设置;人流密集的场所台阶高度超过 0.70m 并侧面临空时,应有防护设施。

(2)室内坡道坡度不宜大于 1∶8,其水平投影长度超过 15m 时,宜设休息平台;室外坡道坡度不宜大于 1∶10;供轮椅使用的坡道不应大于 1∶12,困难地段不应大于 1∶8;自行车推行坡道每段坡长不宜超过 6m,坡度不宜大于 1∶5;坡道应采取防滑措施。

(3)阳台、外廊、室内回廊、内天井、上人屋面及室外楼梯等临空处应设置防护栏杆,栏杆应以坚固、耐久的材料制作,并能承受荷载规范规定的水平荷载;临空高度在 24m 以下时,栏杆高度不应低于 1.05m,临空高度在 24m 及 24m 以上(包括中高层住宅)时,栏杆高度不应低于 1.10m,栏杆离楼面或屋面 0.10m 高度内不宜留空;住宅、托儿所、幼儿园、中小学及少年儿童专用活动场所的栏杆必须采用防止少年儿童攀登的构造,当采用垂直杆件做栏杆时,其杆件净距不应大于 0.11m;文化娱乐建筑、商业服务建筑、体育建筑、园林景观建筑等允许少年儿童进入活动的场所,当采用垂直杆件做栏杆时,其杆件净距也不应大于 0.11m。

注:栏杆高度应从楼地面或屋面至栏杆扶手顶面垂直高度计算,如底部有宽度大于或等于 0.22m,且高度低于或等于 0.45m 的可踏部位,应从可踏部位顶面起计算。

7. 门窗

(1)外门构造应开启方便,坚固耐用;双面弹簧门应在可视高度部分装透明安全玻璃;旋转门、电动门、卷帘门和大型门的邻近应另设平开疏散门,或在门上设疏散门;开向疏散走道及楼梯间的门扇开足时,不应影响走道及楼梯平台的疏散宽度;门的开启不应跨越变形缝。

(2)窗扇的开启形式应方便使用,安全和易于维修、清洗;开向公共走道的窗扇,其底面高度不应低于 2m;临空的窗台低于 0.80m 时,应采取防护措施;天窗应便于开启、关闭、固定、防渗水,并方便清洗,应采用防破碎伤人的透光材料。

注:门窗加工的尺寸,应按门窗洞口设计尺寸扣除墙面装修材料的厚度,按净尺寸加工。

8. 建筑幕墙

玻璃幕墙应采用安全玻璃,并应具有抗撞击的性能;与楼板、梁、内隔墙处连接牢固,并满足防火分隔要求;玻璃窗扇开启面积应按幕墙材料规格和通风口要求确定,并确保安全。

2.1.4　室内环境要求

1. 采光要求

建筑物各类用房采光标准除必须计算采光系数最低值外,应按单项建筑设计规范的窗地比确定窗洞口面积。厕所、浴室等辅助房间的窗地比不应小于 1/10,楼梯间、走道等处不应小于 1/14。内走道长度不超过 20m 时至少应有一端采光口,超过了 20m 时应两端有采光口,超过 40m 时应增加中间采光口,否则应采用人工照明。

2. 通风要求

建筑物室内应有与室外空气直接流通的窗户或开口,否则应设有效的自然通风道或机械通风设置。采用直接自然通风者应符合下列规定:生活、工作的房间的通风开口有效面积不应小于该房间地板面积的 1/20,厨房的通风开口面积不应小于其地板面积的 1/10,并不得小于 0.80m²。

2.2　《建筑设计防火规范》(GB 50016—2014)概述

在城市规划和建筑设计中,必须遵守和执行"预防为主,防消结合"的方针,采用先进的防火设计和构造技术,做到经济合理,防止和减少火灾危害。本节中重点介绍多层民用建筑防火设计规范中的相关内容。

2.2.1 不同耐火等级民用建筑防火间距不应小于表 2.7 的规定

表 2.7 民用建筑之间的防火间距(m)

建筑类别		高层民用建筑	裙房和其他民用建筑		
		一、二级	一、二级	三级	四级
高层民用建筑	一、二级	13	9	11	14
裙房和其他民用建筑	一、二级	9	6	7	9
	三级	11	7	8	10
	四级	14	9	10	12

注:1. 相邻两座单、多层建筑,当相邻外墙为不燃性墙体且无外露的可燃性屋檐,每面外墙上无防火保护的门、窗、洞口不正对开设且该门、窗、洞口的面积之和不大于外墙面积的 5% 时,其防火间距可按本表的规定减少 25%。

2. 两座建筑相邻较高一面外墙为防火墙,或高出相邻较低一座一、二级耐火等级建筑的屋面 15m 及以下范围内的外墙为防火墙时,其防火间距不限。

3. 相邻两座高度相同的一、二级耐火等级建筑中相邻任一侧外墙为防火墙,屋顶的耐火极限不低于 1.00h 时,其防火间距不限。

4. 相邻两座建筑中较低一座建筑的耐火等级不低于二级,相邻较低一面外墙为防火墙且屋顶无天窗,屋顶的耐火极限不低于 1h 时,其防火间距不应小于 3.50m;对于高层建筑,不应小于 4m。

5. 相邻两座建筑中较低一座建筑的耐火等级不低于二级且屋顶无天窗,相邻较高一面外墙高出较低一座建筑的屋面 15m 及以下范围内的开口部位设置甲级防火门、窗,或设置符合现行国家标准《自动喷水灭火系统设计规范》GB 50084 规定的防火分隔水幕或防火卷帘时,其防火间距不应小于 3.50m;对于高层建筑,不应小于 4m。

6. 相邻建筑通过连廊、天桥或底部的建筑物等连接时,其间距不应小于本表的规定。

7. 耐火等级低于四级的既有建筑,其耐火等级可按四级确定。

2.2.2 不同耐火等级建筑的允许建筑高度(或层数)、防火分区最大允许建筑面积应符合表 2.8 要求

表 2.8 不同耐火等级建筑的允许建筑高度或层数、防火分区最大允许建筑面积

名称	耐火等级	允许建筑高度或层数	防火分区的最大允许建筑面积(m²)	备 注
高层民用建筑	一、二级	略	1500	对于体育馆、剧场的观众厅,防火分区的最大允许建筑面积可适当增加。
单、多层民用建筑	一、二级	住宅≤27m 公建≤24m	2500	
	三级	5 层	1200	—
	四级	2 层	600	—
地下或半地下建筑(室)	一级	—	500	设备用房的防火分区最大允许建筑面积不应大于 1000m²。

注:1. 表中规定的防火分区最大允许建筑面积,当建筑内设置自动灭火系统时,可按本表的规定增加 1 培;局部设置时,防火分区的增加面积可按该局部面积的 1 倍计算。

2. 裙房与高层建筑主体之间设置防火墙时,裙房的防火分区可按单、多层建筑的要求确定。

2.2.3　公共建筑安全疏散

1. 公共建筑的安全出口应分散布置。每个防火分区、一个防火分区的每个楼层,相邻两个安全出口以及每个房间相邻两个疏散门最近边缘之间的水平距离不应小于 5m。

2. 公共建筑内的每个防火分区、一个防火分区内的每个楼层,其安全出口的数量应经计算确定,且不应少于 2 个。当符合下列条件之一时,可设一个安全出口或疏散楼梯:

(1)除托儿所、幼儿园外,建筑面积不大于 200m² ,且人数不超过 50 人的单层公共建筑或多层公共建筑的首层;

(2)除医疗建筑、老年人建筑及托儿所、幼儿园的儿童用房、儿童游乐厅等儿童活动场所和歌舞娱乐放映游艺场所等外,符合表 2.9 规定的公共建筑。

表 2.9　可设置一部疏散楼梯的公共建筑

耐火等级	最多层数	每层最大建筑面积(m²)	人　数
一、二级	3 层	200	第二、三层的人数之和不超过 50 人
三级	3 层	200	第二、三层的人数之和不超过 25 人
四级	2 层	200	第二层人数不超过 15 人

3. 医疗建筑、老年人建筑、商店、图书馆、展览建筑、会议中心及类似使用功能的建筑、设置有歌舞娱乐放映游艺场 6 层以及上的其他公共建筑应采用封闭楼梯间(包括首层扩大封闭楼梯间)或室外疏散楼梯。

4. 自动扶梯和电梯不应作为安全疏散设施。

5. 公共建筑各房间疏散门的数量应经计算确定,且不应少于 2 个。除托儿所、幼儿园、老年人建筑、医疗建筑、教学建筑内位于走道尽端的房间外,当符合下列条件之一时,可设置 1 个:

(1)位于两个安全出口之间或袋形走道两侧的房间,对于托儿所、幼儿园、老年人建筑,建筑面积不大小 50m² ;对于医疗建筑、教学建筑,建筑面积不大于 75m² ;对于其他建筑或场所,建筑面积不大于 120m² ;

(2)位于走道尽端的房间,建筑面积小于 50m² 且疏散门的净宽度不小于 0.90m,或由房间内任一点至疏散门的直线距离不大于 15m,建筑面积不大于 200m² 且疏散门的净宽度不小于 1.40m;

(3)歌舞娱乐放映游艺场所内建筑面积不大于 50m² 且经常停留人数不超过 15 人的厅、室。

6. 公共建筑的安全疏散距离应符合下列规定

(1)直通疏散走道的房间疏散门至最近安全出口的直线距离不应大于表 2.10 的规定;

(2)楼梯间应在首层直通室外,确有困难可在首层采用扩大封闭楼梯间或防火因楼梯间前室。当层数不超过 4 层时,可将直通室外的安全出口设置在离楼梯间小于等于 15m 处;

(3)房间内任一点到该房间直接通向疏散走道的疏散门的距离,不应大于表 2.10 中规定的袋形走道两侧或尽端的疏散门至安全出口的最大距离。

(4)一、二级耐火等级建筑内疏散门或安全出口不少于 2 个的观众厅、展览厅、多功能厅、餐厅、营业厅等,其室内任一点至最近疏散门或安全出口的直线距离不应大于 30m;当疏散门不能直通室外地面或疏散楼梯间时,应采用长度不大于 10m 的疏散走道通至最近的安全出口。当该场所设置自动喷水灭火系统时,室内任一点至最近安全出口的安全疏散距离可分别增加 25%。

2.2.4　住宅建筑安全疏散

1. 建筑高度不大于 27m 的建筑,当每个单元任一层的建筑面积大于 650m² ,或任一户门

至最近安全出口的距离大于 15m 时,每个单元每层的安全出口不应少于 2 个;

2. 建筑高度大于 27m、不大于 54m 的建筑,当每个单元任一层的建筑面积大于 650m² ,或任一户门至最近安全出口的距离大于 10m 时,每个单元每层的安全出口不应少于 2 个;

3. 建筑高度大于 54m 的建筑,每个单元每层的安全出口不应少于 2 个。

表 2.10　通廊式非住宅类居住建筑可设置一个安全出口的条件

名　称		位于两个安全出口之间的疏散门			位于袋形走道两侧或尽端的疏散门		
		一、二级	三级	四级	一、二级	三级	四级
托儿所、幼儿园老年人建筑		25	20	15	20	15	10
歌舞娱乐放映游艺场所		25	20	15	9	—	—
医疗建筑	单、多层	35	30	25	20	15	10
	高层 病房部分	24	—	—	12	—	—
	高层 其他部分	30	—	—	15	—	—
教学建筑	单、多层	35	30	25	22	20	10
	高层	30	—	—	15	—	—
高层旅馆、展览建筑		30	—	—	15	—	—
其他建筑	单、多层	40	35	25	22	20	15
	高层	40	—	—	20	—	—

注:1. 建筑内开向敞开式外廊的房间疏散门至最近安全出口的直线距离可按本表的规定增加 5m。

　　2. 直通疏散走道的房间疏散门至最近敞开楼梯间的直线距离,当房间位于两个楼梯间之间时,应按本表的规定减少 5m;当房间位于袋形走道两侧或尽端时,应按本表的规定减少 2m。

　　3. 建筑物内全部设置自动喷水灭火系统时,其安全疏散距离可按本表的规定增加 25%。

4. 住宅建筑的安全疏散距离应符合下列规定:

(1)直通疏散走道的户门至最近安全出口的直线距离不应大于表 2.11 的规定;

表 2.11　住宅建筑直通疏散走道的户门至最近安全出口的直线距离(m)

住宅建筑类别	位于两个安全出口之间的户门			位于袋形走道两侧或尽端的户门		
	一、二级	三级	四级	一、二级	三级	四级
单、多层	40	35	25	22	20	15
高层	40	—	—	20	—	—

注:1. 开向敞开式外廊的户门至最近安全出口的最大直线距离可按本表的规定增加 5m。

　　2. 直通疏散走道的户门至最近敞开楼梯间的直线距离,当户门位于两个楼梯间之间时,应按本表的规定减少 5m;当户门位于袋形走道两侧或尽端时,应按本表的规定减少 2m。

　　3. 住宅建筑内全部设置自动喷水灭火系统时,其安全疏散距离可按本表及其注 1 的规定增加 25%。

　　4. 跃廊式住宅户门至最近安全出口的距离,应从户门算起,小楼梯的一段距离可按其水平投影长度的 1.50 倍计算。

(2)楼梯间应在首层直通室外,或在首层采用扩大的封闭楼梯间或防烟楼梯间前室。层数

不超过 4 层时,可将直通室外的门设置在离楼梯间不大于 15m 处;

（3）户内任一点至直通疏散走道的户门的直线距离不应大于表 2.11 规定的袋形走道两侧或尽端的疏散门至最近安全出口的最大直线距离。

注:跃层式住宅,户内楼梯的距离可按其梯段水平投影长度的 1.50 度计算。

2.2.5　除剧场、电影院、礼堂、体育馆外的公共建筑的疏散走道、安全出口、疏散楼梯以及房间疏散门的每百人净宽度应符合表 2.12 中的规定

表 2.12　疏散走道、安全出口、疏散楼梯和房间疏散门每百人的净宽度(m)

楼层位置	耐火等级		
	一、二级	三级	四级
地上一、二层	0.65	0.75	1.0
地上三层	0.75	1.0	—
地上四层及四层以上各层	1.0	1.25	—
与地面出入口地面的高差不超过 10m 的地下建筑	0.75	—	—
与地面出入口地面的高差超过 10m 的地下建筑	1.0	—	—

2.3　《无障碍设计规范》(GB 50763—2012)概述

无障碍设计主要是为下肢残疾者、视力残疾者、老年人等创造正常生活和参与社会活动的便利条件,在城市道路和建筑物的新建、扩建和改建设计中要充分贯彻无障碍设计思想。

2.3.1　无障碍设计的部位参考表 2.13 的要求

表 2.13　建筑物无障碍设计部位

建筑类别		设计部位
办公、科研建筑	各级政府办公建筑 各级司法部门建筑 各类科研建筑 其他招商、办公、社区服务建筑 企、事业办公建筑	1. 建筑基地(人行通路,停车车位) 2. 建筑入口,入口平台及门 3. 水平与垂直交通 4. 接待用房(一般接待室,贵宾接待室) 5. 公共用房(会议室、报告厅、审判庭等) 6. 公共厕所 7. 服务台,公共电话,饮水器等相应设施
商业建筑	百货商店、综合商场建筑 自选超市、菜市场类建筑 餐馆,饮食店,食品店建筑	1. 建筑入口及门 2. 水平与垂直交通 3. 普通营业区,自选营业区 4. 饮食厅,游乐用房
服务建筑	金融,邮电建筑 招待所,培训中心建筑 宾馆,饭店,旅馆 洗浴,美容美发建筑 殡仪馆建筑等	5. 顾客休息与服务用房 6. 公共厕所,公共浴室 7. 宾馆、饭店、招待所的公共部分与客房部分 8. 总服务台、业务台、取款机、查询台、结算通道、公用电话、饮水器、停车车位等相应设施

（续表）

建 筑 类 别		设 计 部 位
学校建筑	高等院校 专业学校 职业高中与中、小学及托幼建筑 培智学校 聋哑学校 盲人学校	1. 建筑基地（人行通路，停车车位） 2. 建筑入口，入口平台及门 3. 水平与垂直交通 4. 普通教室、合班教室、电教室 5. 实验室、图书阅览室 6. 自然、史地、美术、书法、音乐教室 7. 风雨操场、游泳馆 8. 观展区、表演区、儿童活动区 9. 室内外公共厕所 10. 售票处、服务台、公用电话、饮水器等相应设施
居住建筑	高层住宅 中高层住宅 高层公寓 中高层公寓	1. 建筑入口 2. 入口平台 3. 候梯厅 4. 电梯轿厢 5. 公共走道 6. 无障碍住房
	多层住宅 低层住宅 多层公寓 低层公寓	1. 建筑入口 2. 入口平台 3. 公共走道 4. 楼梯 5. 无障碍住房
	职工宿舍 学生宿舍	1. 建筑入口 2. 入口平台 3. 公共走道 4. 公共厕所、浴室和盥洗室 5. 无障碍住房

注：1. 商业与服务建筑的入口应设无障碍入口。

2. 设有公共厕所的大型商业与服务建筑，必须设无障碍专用厕所。

3. 有楼层的大型商业与服务建筑应设无障碍电梯。

4. 高层、中高层住宅及公寓建筑，每50套住房宜设两套符合乘轮椅者居住的无障碍住房套型。

5. 多层、低层住宅及公寓建筑，每100套住房宜设2~4套符合乘轮椅者居住的无障碍住房套型。

6. 宿舍建筑应在首层设男、女无障碍住房各一间。

2.3.2 无障碍设计的交通部位

1. 无障碍出入口

无障碍出入口包括以下几种类别：平坡出入口；同时设置台阶和轮椅坡道的出入口；同时设置台阶和升降平台的出入口。

无障碍出入口应符合下列规定：出入口的地面应平整、防滑；室外地面滤水箅子的孔洞宽度不应大于 15mm；同时设置台阶和升降平台的出入口宜只应用于受场地限制无法改造坡道的工程,并应符合本规范的有关规定;除平坡出入口外,在门完全开启的状态下,建筑物无障碍出入口的平台的净深度不应小于 1.50m;建筑物无障碍出入口的门厅、过厅如设置两道门,门扇同时开启时两道门的间距不应小于 1.50m;建筑物无障碍出入口的上方应设置雨棚。

无障碍出入口的轮椅坡道及平坡出入口的坡度应符合下列规定:平坡出入口的地面坡度不应大于 1∶20,当场地条件比较好时,不宜大于 1∶30;同时设置台阶和轮椅坡道的出入口,轮椅坡道的坡度应符合本规范的有关规定。无障碍出入口的轮椅坡道平面见图 2.1。

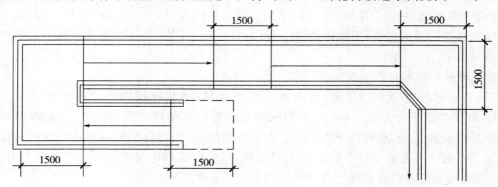

图 2.1　无障碍(轮椅)坡道

2. 轮椅坡道

轮椅坡道宜设计成直线形、直角形或折返形。

轮椅坡道的净宽度不应小于 1.00m,无障碍出入口的轮椅坡道净宽度不应小于 1.20m。

轮椅坡道的高度超过 300mm 且坡度大于 1∶20 时,应在两侧设置扶手,坡道与休息平台的扶手应保持连贯,扶手应符合本规范的相关规定。

轮椅坡道的最大高度和水平长度应符合表 2.14 的规定。

表 2.14　轮椅坡道的最大高度和水平长度

坡度	1∶20	1∶16	1∶12	1∶10	1∶8
最大高度(m)	1.20	0.90	0.75	0.60	0.30
水平长度(m)	24.00	14.40	9.00	6.00	2.40

注:其他坡度可用插入法进行计算。

轮椅坡道的坡面应平整、防滑、无反光;轮椅坡道起点、终点和中间休息平台的水平长度不应小于 1.50m;轮椅坡道临空侧应设置安全阻挡措施;轮椅坡道应设置无障碍标志。

3. 无障碍通道、门

无障碍通道的宽度应符合下列规定:室内走道不应小于 1.20m,人流较多或较集中的大型公共建筑的室内走道宽度不宜小于 1.80m;室外通道不宜小于 1.50m;检票口、结算口轮椅通道不应小于 900mm。

无障碍通道应符合下列规定:无障碍通道应连续,其地面应平整、防滑、反光小或无反光,并不宜设置厚地毯;无障碍通道上有高差时,应设置轮椅坡道;室外通道上的雨水箅子的孔洞宽度不应大于 15mm;固定在无障碍通道的墙、立柱上的物体或标牌距地面的高度不应小于 2.00m;如小于 2.00m 时,探出部分的宽度不应大于 100mm;如突出部分大于 100mm,则其距地面的高度应小于 600mm;斜向的自动扶梯、楼梯等下部空间可以进入时,应设置安全挡牌。

门的无障碍设计应符合下列规定:不应采用力度大的弹簧门并不宜采用弹簧门、玻璃门;当采用玻璃门时,应有醒目的提示标志;自动门开启后通行净宽度不应小于 1.00m;平开门、推拉门、折叠门开启后的通行净宽度不应小于 800mm;有条件时,不宜小于 900mm;在门扇内外应留有直径不小于 1.50m 的轮椅回转空间;在单扇平开门、推拉门、折叠门的门把手一侧的墙面,应设宽度不小于 400mm 的墙面;平开门、推拉门、折叠门的门扇应设距地 900mm 的把手,宜设视线观察玻璃,并宜在距地 350mm 范围内安装护门板;门槛高度及门内外地面高差不应大于 15mm,并以斜面过渡;无障碍通道上的门扇应便于开关;宜与周围墙面有一定的色彩反差,方便识别。

4. 无障碍楼梯和台阶

无障碍楼梯应符合下列规定:宜采用直线形楼梯;公共建筑楼梯的踏步宽度不应小于 280mm,踏步高度不应大于 160mm;不应采用无踢面和直角形突缘的踏步;宜在两侧均做扶手;如采用栏杆式楼梯,在栏杆下方宜设置安全阻挡措施;踏面应平整防滑或在踏面前缘设防滑条;距踏步起点和终点 250～300mm 宜设提示盲道;踏面和踢面的颜色宜有区分和对比;楼梯上行及下行的第一阶宜在颜色或材质上与平台有明显区别。

台阶的无障碍设计应符合下列规定:公共建筑的室内外台阶踏步宽度不宜小于 300mm,踏步高度不宜大于 150mm,并不应小于 100mm;踏步应防滑;三级及三级以上的台阶应在两侧设置扶手;台阶上行及下行的第一阶宜在颜色或材质上与其他阶有明显区别。

5. 厕所

公共厕所的无障碍设计应符合下列规定:女厕所的无障碍设施包括至少 1 个无障碍厕位和 1 个无障碍洗手盆;男厕所的无障碍设施包括至少 1 个无障碍厕位、1 个无障碍小便器和 1 个无障碍洗手盆;厕所的入口和通道应方便乘轮椅者进入和进行回转,回转直径不小于 1.50m;门应方便开启,通行净宽度不应小于 800mm;地面应防滑、不积水;无障碍厕位应设置无障碍标志。

无障碍厕位应符合下列规定:无障碍厕位应方便乘轮椅者到达和进出,尺寸宜做到 2.00m ×1.50m,不应小于 1.80m×1.00m;无障碍厕位的门宜向外开启,如向内开启,需在开启后厕位内留有直径不小于 1.50m 的轮椅回转空间,门的通行净宽不应小于 800mm,平开门外侧应设高 900mm 的横扶把手,在关闭的门扇里侧设高 900mm 的关门拉手,并应采用门外可紧急开启的插销;厕位内应设坐便器,厕位两侧距地面 700mm 处应设长度不小于 700mm 的水平安全抓杆,另一侧应设高 1.40m 的垂直安全抓杆。

无障碍厕所的无障碍设计应符合下列规定:位置宜靠近公共厕所,应方便乘轮椅者进入和进行回转,回转直径不小于 1.50m;面积不应小于 4m²;当采用平开门,门扇宜向外开启,如向内开启,需在开启后留有直径不小于 1.50m 的轮椅回转空间,门的通行净宽度不应小于 800mm,平开门应设高 900mm 的横扶把手,在门扇里侧应采用门外可紧急开启的门锁;地面应防滑、不积水;内部应设坐便器、洗手盆、多功能台、挂衣钩和呼叫按钮;坐便器和洗手盆应符合本规范的有关规定;多功能台长度不宜小于 700mm,宽度不宜小于 400mm,高度宜为 600mm;在坐便器旁的墙面上应设高 400mm～500mm 的救助呼叫按钮;入口应设置无障碍标志。

厕所里的其他无障碍设施应符合下列规定:无障碍小便器下口距地面高度不应大于

400mm，小便器两侧应在离墙面 250mm 处，设高度为 1.20m 的垂直安全抓杆，并在离墙面 550mm 处，设高度为 900mm 水平安全抓杆，与垂直安全抓杆连接；无障碍洗手盆的水嘴中心距侧墙应大于 550mm，其底部应留出宽 750mm、高 650mm、深 450mm 供乘轮椅者膝部和足尖部的移动空间，并在洗手盆上方安装镜子，出水龙头宜采用杠杆式水龙头或感应式自动出水方式；安全抓杆应安装牢固，直径应为 30～40mm，内侧距墙不应小于 40mm；取纸器应设在坐便器的侧前方，高度为 400～500mm。

图 2.2、图 2.3 和图 2.4 为几种无障碍厕所布置。

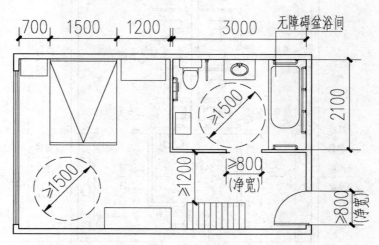

图 2.2　无障碍客房厕所布置

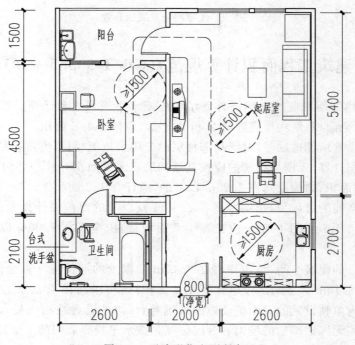

图 2.3　无障碍住宅厕所布置

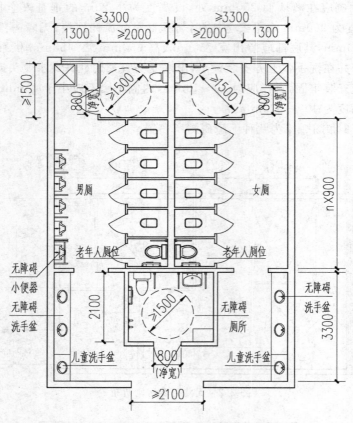

图 2.4　无障碍公共厕所布置

2.4　《建筑工程面积计算规范》(GB/T 50353—2013)概述

1.建筑物的建筑面积应按自然层外墙结构外围水平面积之和计算。结构层高在 2.20 m 及以上的,应计算全面积;结构层高在 2.20 m 以下的,应计算 1/2 面积。

2.建筑物内设有局部楼层时,对于局部楼层的二层及以上楼层,有围护结构的应按其围护结构外围水平面积计算,无围护结构的应按其结构底板水平面积计算。结构层高在 2.20 m 及以上的,应计算全面积;结构层高在 2.20 m 以下的,应计算 1/2 面积。

3.形成建筑空间的坡屋顶,结构净高在 2.10 m 及以上的部位应计算全面积;结构净高在 1.20 m 及以上至 2.10 m 以下的部位应计算 1/2 面积;结构净高在 1.20 m 以下的部位不应计算建筑面积。

4.场馆看台下的建筑空间,结构净高在 2.10 m 及以上的部位应计算全面积;结构净高在 1.20 m 及以上至 2.10 m 以下的部位应计算 1/2 面积;结构净高在 1.20 m 以下的部位不应计算建筑面积。室内单独设置的有围护设施的悬挑看台,应按看台结构底板水平投影面积计算建筑面积。有顶盖无围护结构的场馆看台应按其顶盖水平投影面积的 1/2 计算面积。

5.地下室、半地下室应按其结构外围水平面积计算。结构层高在 2.20 m 及以上的,应计算全面积;结构层高在 2.20 m 以下的,应计算 1/2 面积。

6. 出入口外墙外侧坡道有顶盖的部位,应按其外墙结构外围水平面积的 1/2 计算面积。

7. 建筑物架空层及坡地建筑物吊脚架空层,应按其顶板水平投影计算建筑面积。结构层高在 2.20m 及以上的,应计算全面积;结构层高在 2.20m 以下的,应计算 1/2 面积。

8. 建筑物的门厅、大厅应按一层计算建筑面积,门厅、大厅内设置的走廊应按走廊结构底板水平投影面积计算建筑面积。结构层高在 2.20m 及以上的,应计算全面积;结构层高在 2.20m 以下的,应计算 1/2 面积。

9. 建筑物间的架空走廊,有顶盖和围护结构的,应按其围护结构外围水平面积计算全面积;无围护结构、有围护设施的,应按其结构底板水平投影面积计算 1/2 面积。

10. 立体书库、立体仓库、立体车库,有围护结构的,应按其围护结构外围水平面积计算建筑面积;无围护结构、有围护设施的,应按其结构底板水平投影面积计算建筑面积。无结构层的应按一层计算,有结构层的应按其结构层面积分别计算。结构层高在 2.20m 及以上的,应计算全面积;结构层高在 2.20m 以下的,应计算 1/2 面积。

11. 有围护结构的舞台灯光控制室,应按其围护结构外围水平面积计算。结构层高在 2.20m 及以上的,应计算全面积;结构层高在 2.20m 以下的,应计算 1/2 面积。

12. 附属在建筑物外墙的落地橱窗,应按其围护结构外围水平面积计算。结构层高在 2.20m 及以上的,应计算全面积;结构层高在 2.20m 以下的,应计算 1/2 面积。

13. 窗台与室内楼地面高差在 0.45m 以下且结构净高在 2.10m 及以上的凸(飘)窗,应按其围护结构外围水平面积计算 1/2 面积。

14. 有围护设施的室外走廊(挑廊),应按其结构底板水平投影面积计算 1/2 面积;有围护设施(或柱)的檐廊,应按其围护设施(或柱)外围水平面积计算 1/2 面积。

15. 门斗应按其围护结构外围水平面积计算建筑面积。结构层高在 2.20m 及以上的,应计算全面积;结构层高在 2.20m 以下的,应计算 1/2 面积。

16. 门廊应按其顶板水平投影面积的 1/2 计算建筑面积;有柱雨篷应按其结构板水平投影面积的 1/2 计算建筑面积;无柱雨篷的结构外边线至外墙结构外边线的宽度在 2.10m 及以上的,应按雨篷结构板的水平投影面积的 1/2 计算建筑面积。

17. 设在建筑物顶部的、有围护结构的楼梯间、水箱间、电梯机房等,结构层高在 2.20m 及以上的应计算全面积;结构层高在 2.20m 以下的,应计算 1/2 面积。

18. 围护结构不垂直于水平面的楼层,应按其底板面的外墙外围水平面积计算。结构净高在 2.10m 及以上的部位,应计算全面积;结构净高在 1.20m 及以上至 2.10m 以下的部位,应计算 1/2 面积;结构净高在 1.20m 以下的部位,不应计算建筑面积。

19. 建筑物的室内楼梯、电梯井、提物井、管道井、通风排气竖井、烟道,应并入建筑物的自然层计算建筑面积。有顶盖的采光井应按一层计算面积,结构净高在 2.10m 及以上的,应计算全面积,结构净高在 2.10m 以下的,应计算 1/2 面积。

20. 室外楼梯应并入所依附建筑物自然层,并应按其水平投影面积的 1/2 计算建筑面积。

21. 在主体结构内的阳台,应按其结构外围水平面积计算全面积;在主体结构外的阳台,应按其结构底板水平投影面积计算 1/2 面积。

22. 有顶盖无围护结构的车棚、货棚、站台、加油站、收费站等,应按其顶盖水平投影面积的 1/2 计算建筑面积。

23. 以幕墙作为围护结构的建筑物,应按幕墙外边线计算建筑面积。

24. 建筑物的外墙外保温层,应按其保温材料的水平截面积计算,并计入自然层建筑面积。

25. 与室内相通的变形缝,应按其自然层合并在建筑物建筑面积内计算。对于高低联跨的建筑物,当高低跨内部连通时,其变形缝应计算在低跨面积内。

26. 对于建筑物内的设备层、管道层、避难层等有结构层的楼层,结构层高在 2.20m 及以上的,应计算全面积;结构层高在 2.20m 以下的,应计算 1/2 面积。

27. 下列项目不应计算建筑面积:

(1)与建筑物内不相连通的建筑部件;

(2)骑楼、过街楼底层的开放公共空间和建筑物通道;

(3)舞台及后台悬挂幕布和布景的天桥、挑台等;

(4)露台、露天游泳池、花架、屋顶的水箱及装饰性结构构件;

(5)建筑物内的操作平台、上料平台、安装箱和罐体的平台;

(6)勒脚、附墙柱、垛、台阶、墙面抹灰、装饰面、镶贴块料面层、装饰性幕墙,主体结构外的空调室外机搁板(箱)、构件、配件,挑出宽度在 2.10m 以下的无柱雨篷和顶盖高度达到或超过两个楼层的无柱雨篷;

(7)窗台与室内地面高差在 0.45m 以下且结构净高在 2.10m 以下的凸(飘)窗,窗台与室内地面高差在 0.45m 及以上的凸(飘)窗;

(8)室外爬梯、室外专用消防钢楼梯;

(9)无围护结构的观光电梯;

(10)建筑物以外的地下人防通道,独立的烟囱、烟道、地沟、油(水)罐、气柜、水塔、贮油(水)池、贮仓、栈桥等构筑物。

第 3 章 实 例

实例一　外廊式小学教学楼

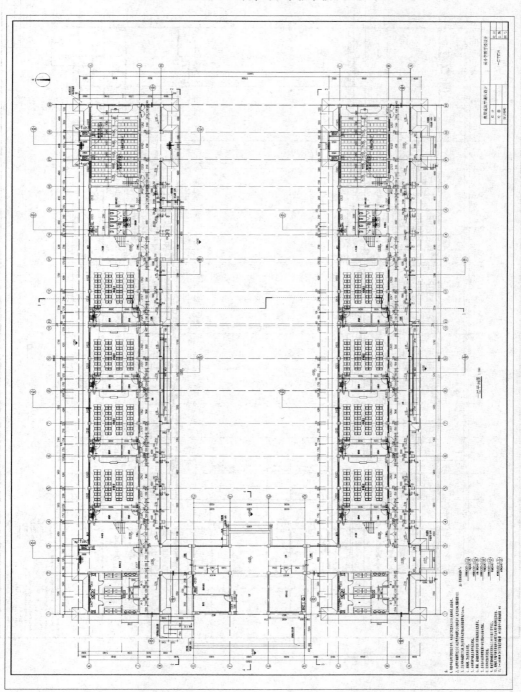

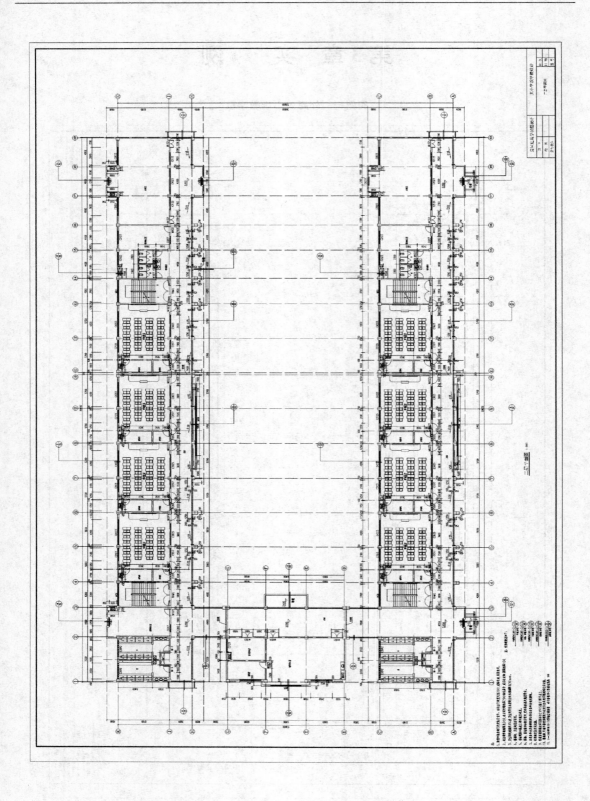

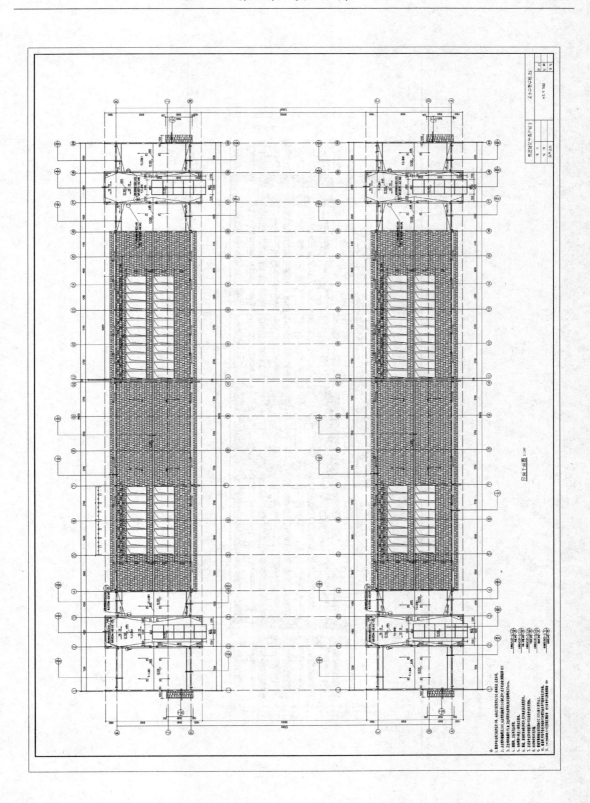

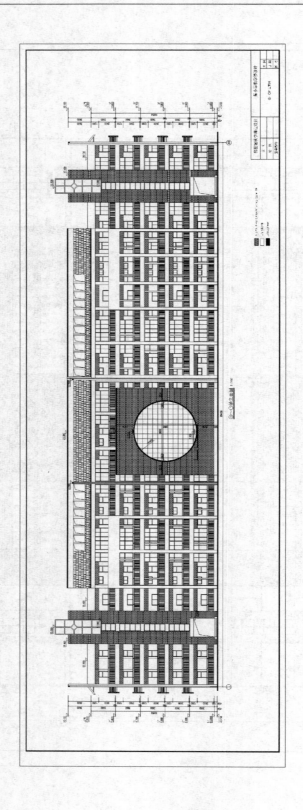

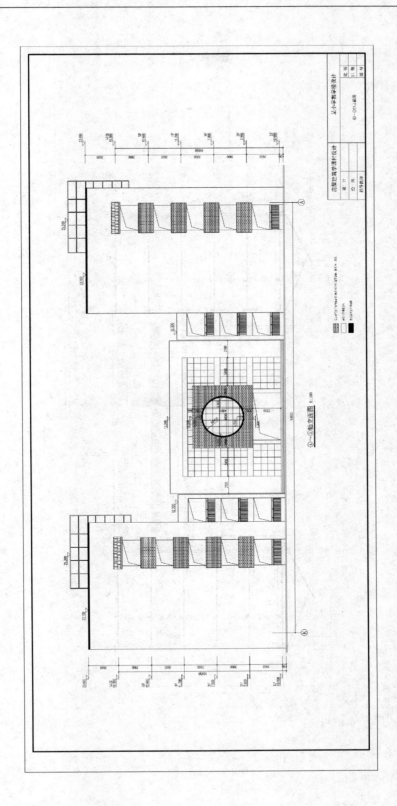

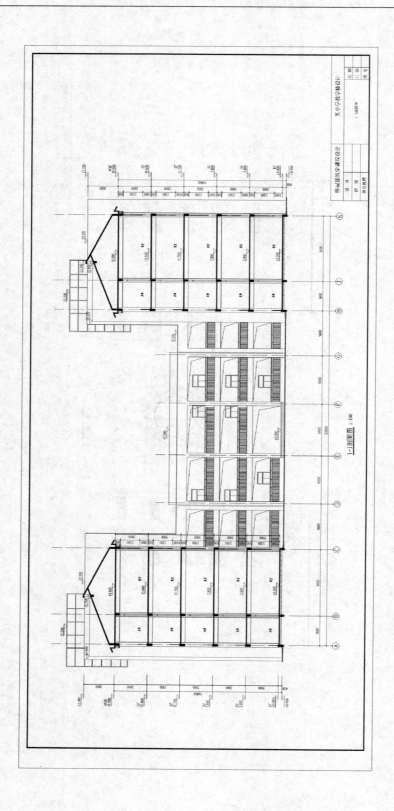

1-1剖面图 1:100

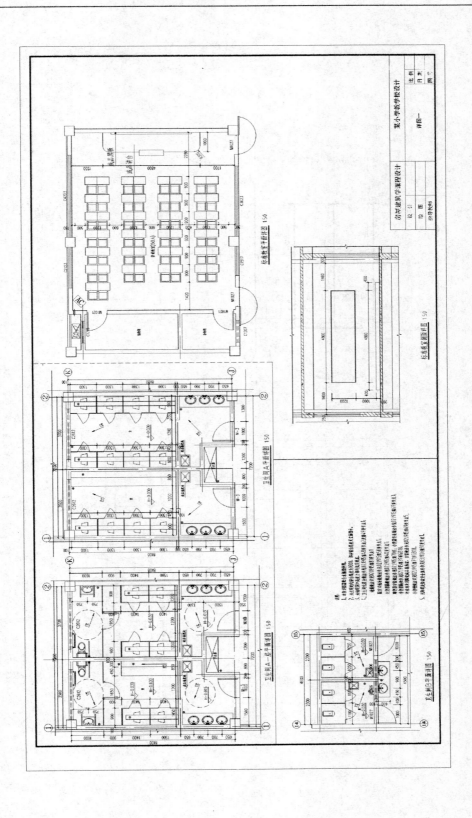

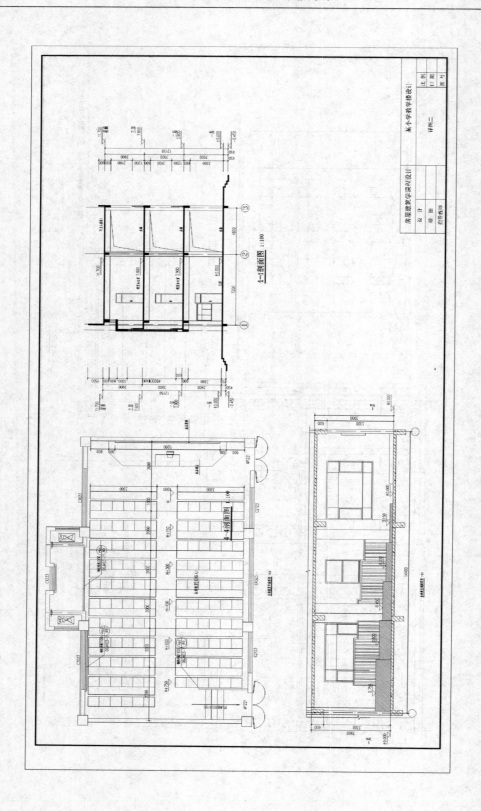

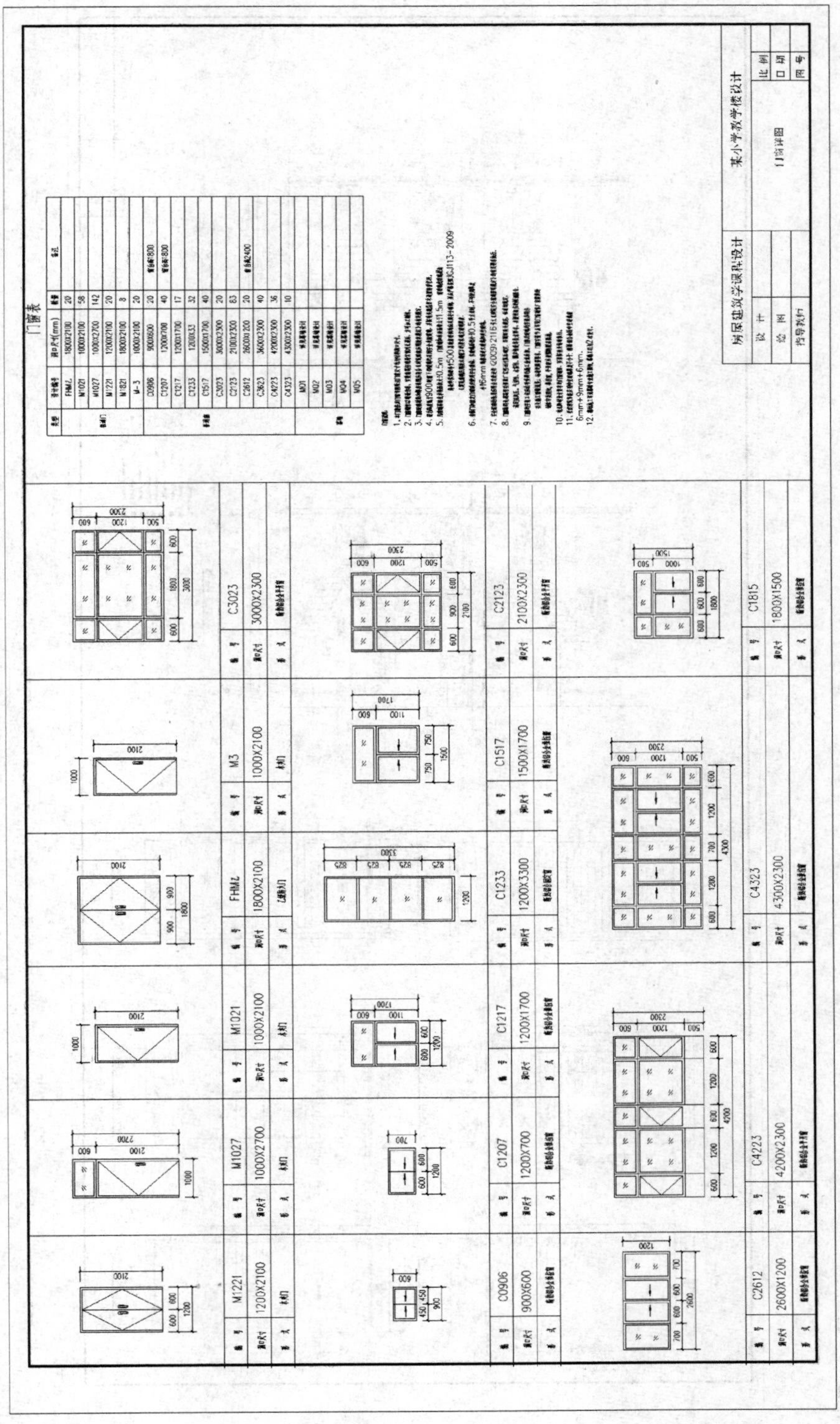

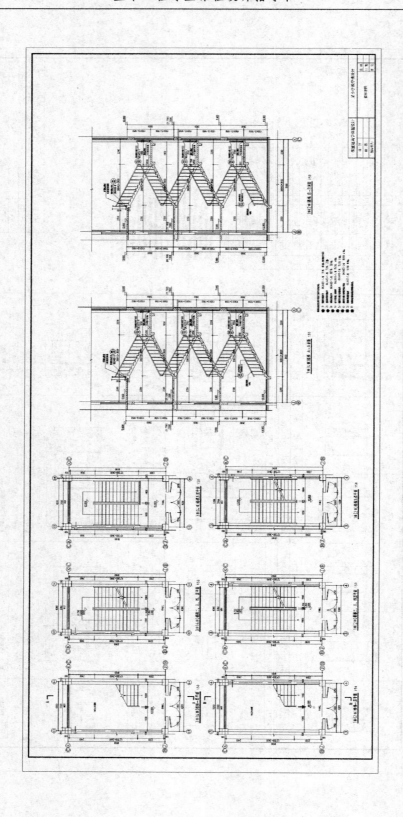

实例二　多层单元式住宅

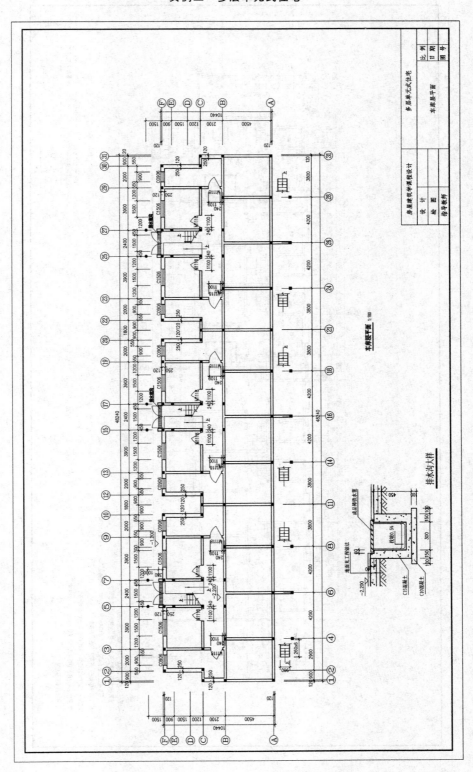

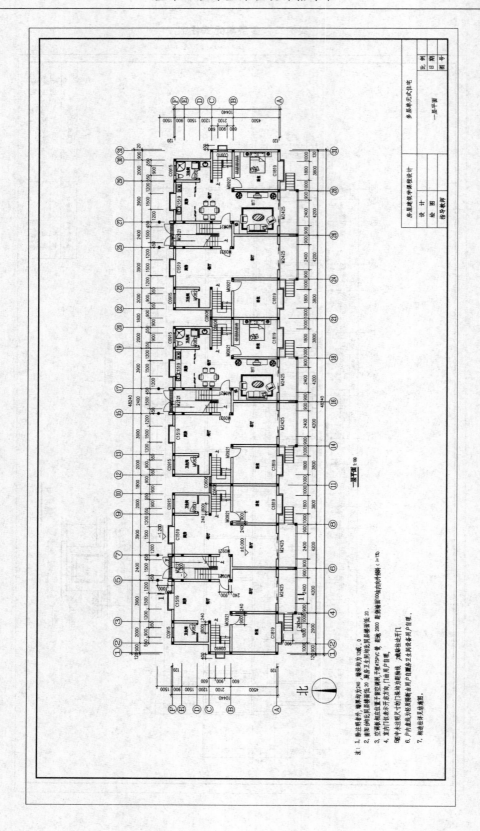

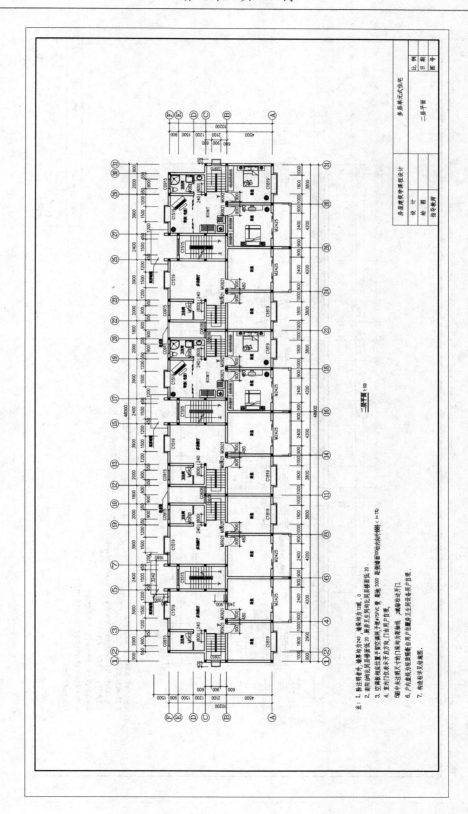

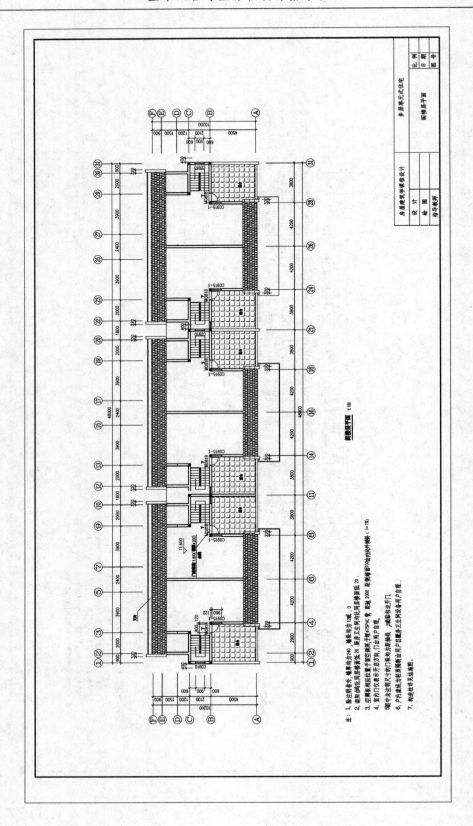

标准层平面 1:100

注: 1. 除注明者外, 墙厚均为240, 隔墙均为120厚, 0
2. 雨阳台栏板, 周界楼面板20. 楼层卫生间坑池, 周界楼面板20.
3. 空调板预留位置于窗墙处, 干墙φ75PVC专. 坡线 2000 距窗墙面100时内墙外棚棚长(-1%)
4. 室内门洞未表示开启方向, 门由用户自理.
5. 凡阳台未注明尺寸的门槛均为踏墙线, 减墙柱过开门.
6. 户内墙及柱须预制由用户自理暴卫生间设各用户自理.
7. 构造柱详见结施图.

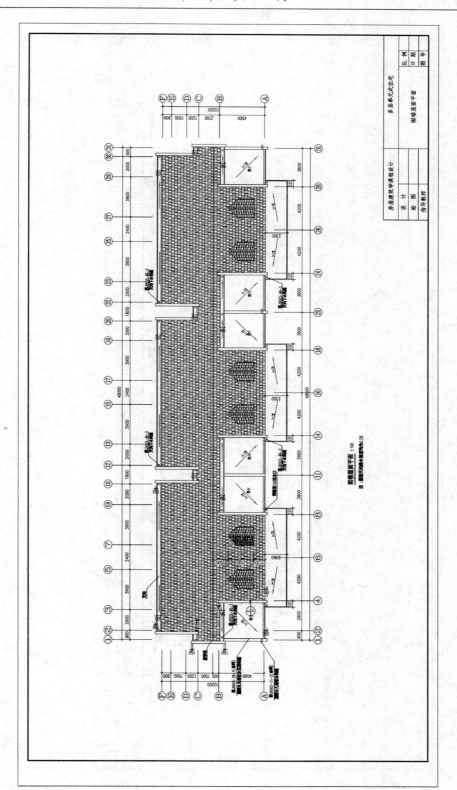

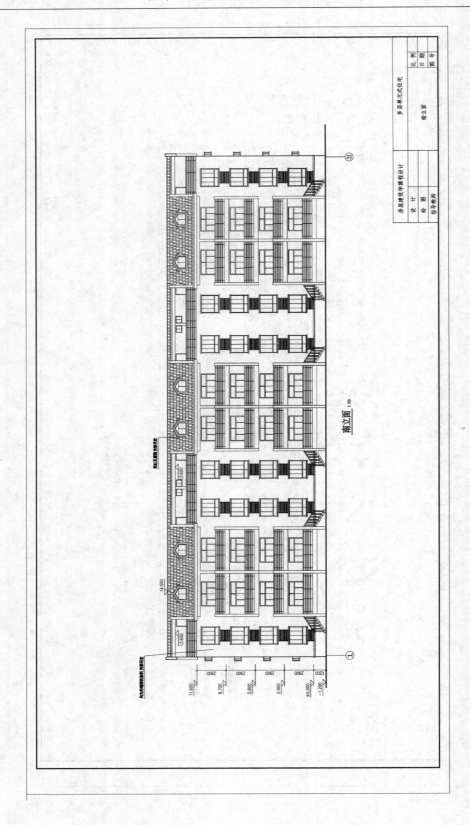

南立面 1:100

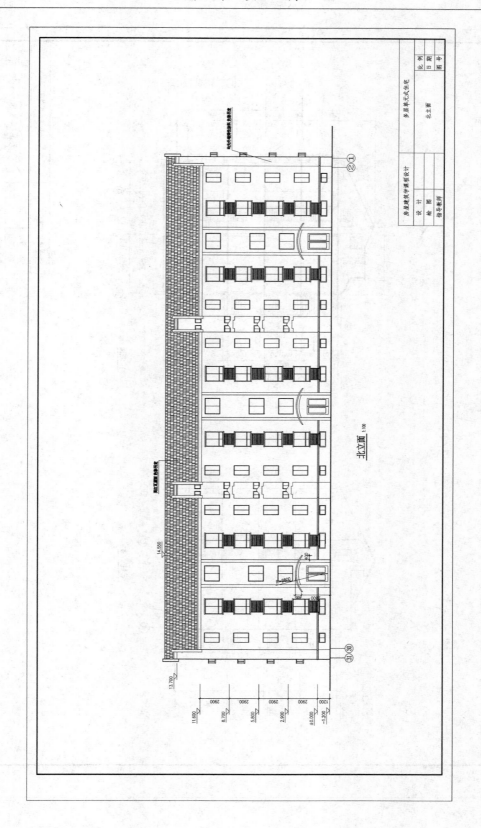

北立面 1:100

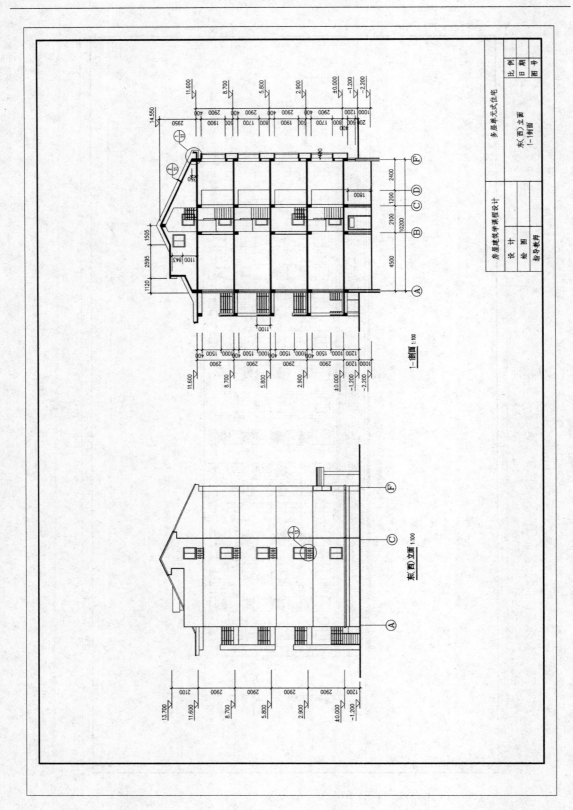

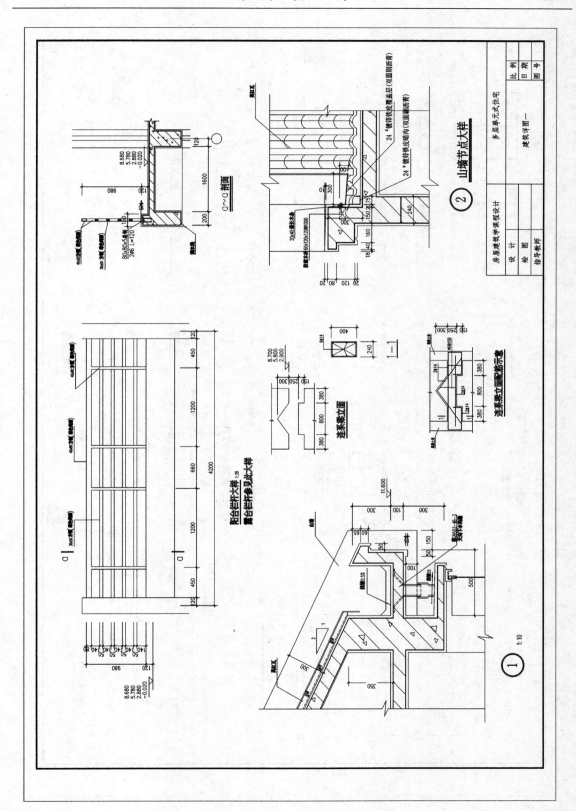

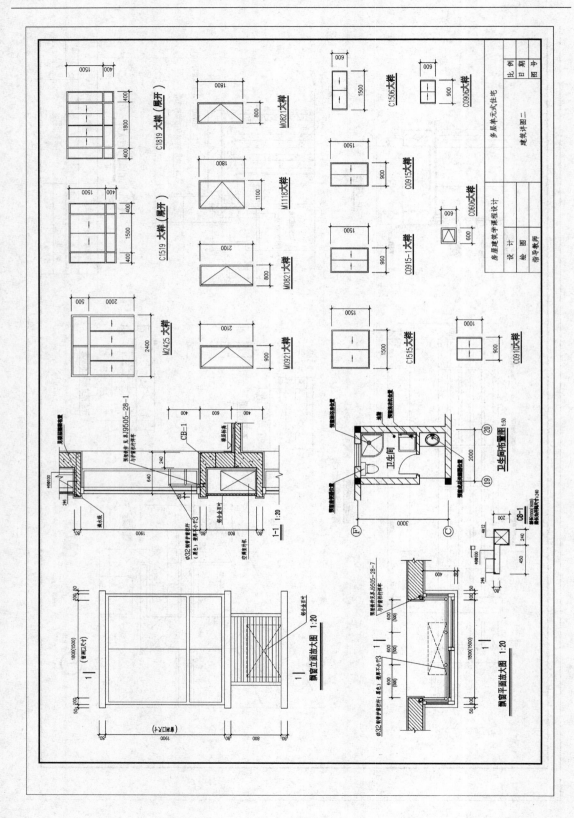

实例三 低层联排式住宅

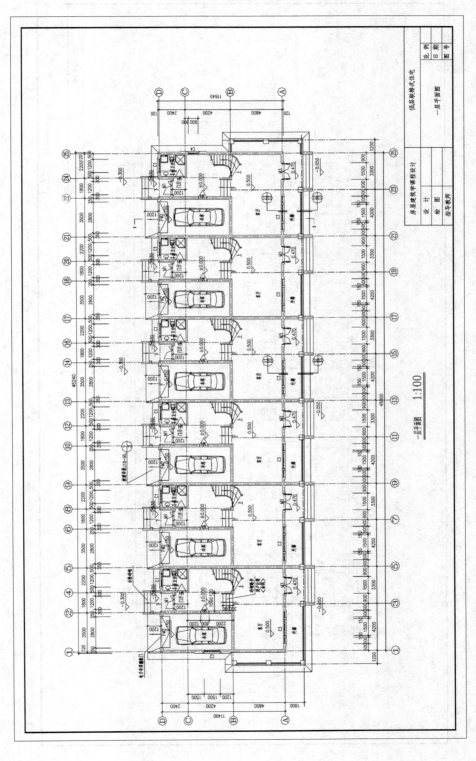

一层平面图 1:100

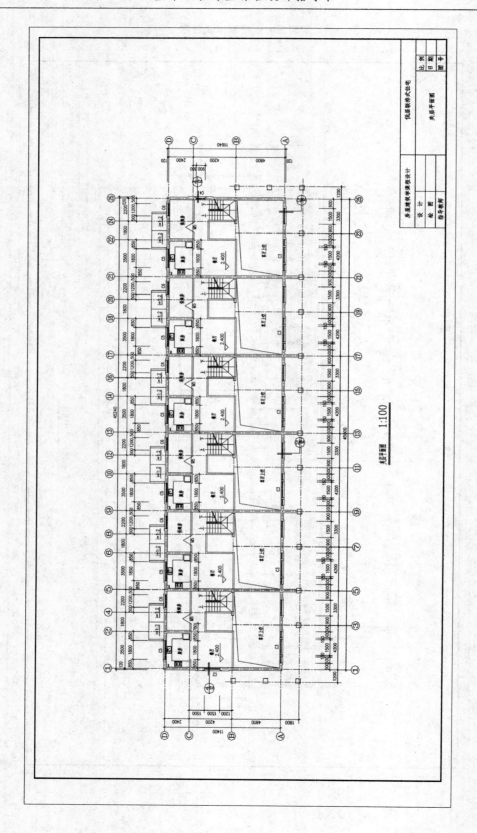

夹层平面图　　1:100

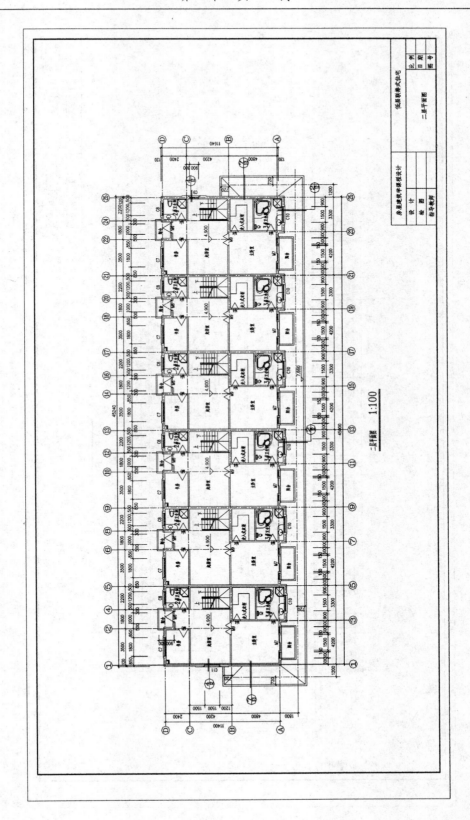

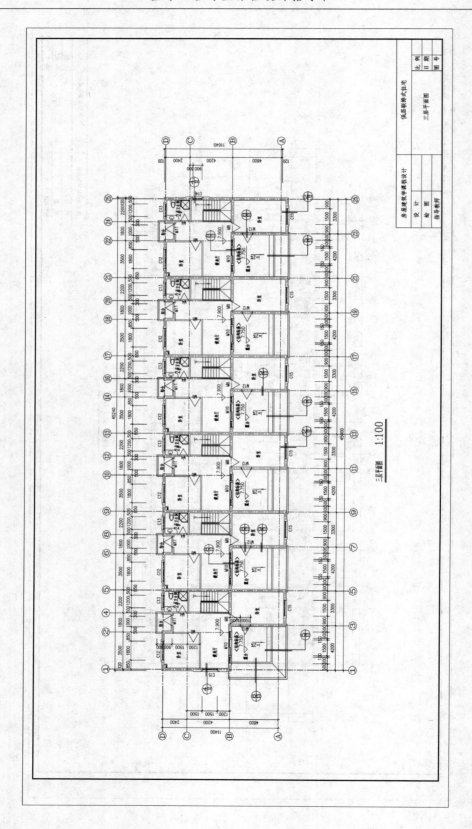

三层平面图　1:100

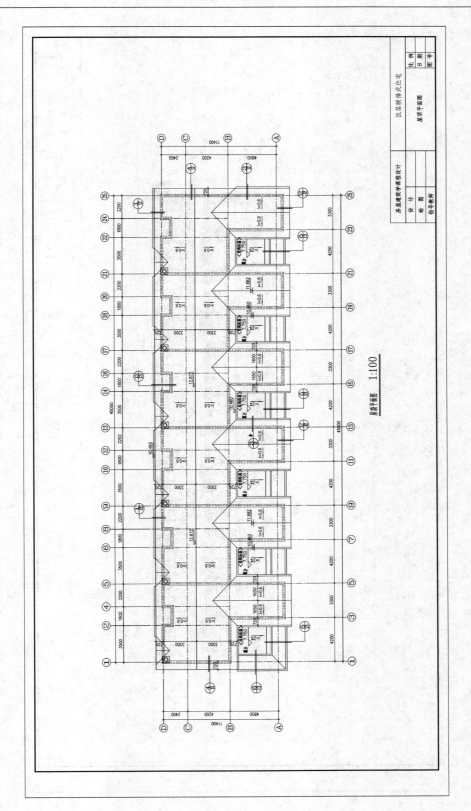

屋顶平面图　1:100

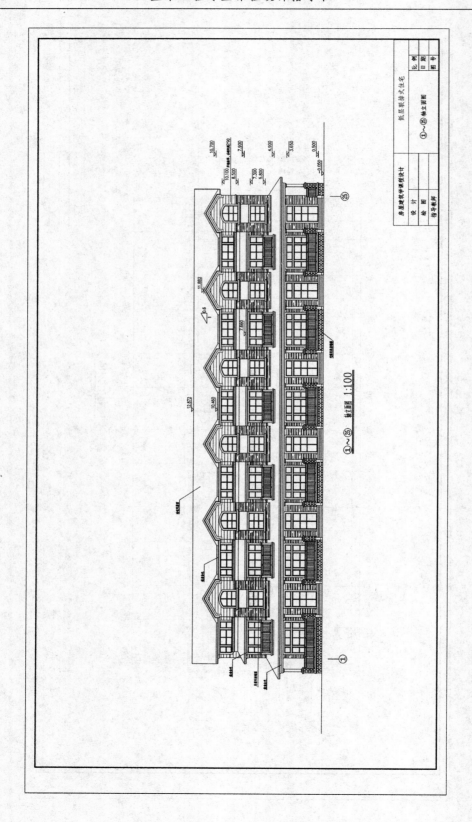

①~㉕ 立面图 1:100

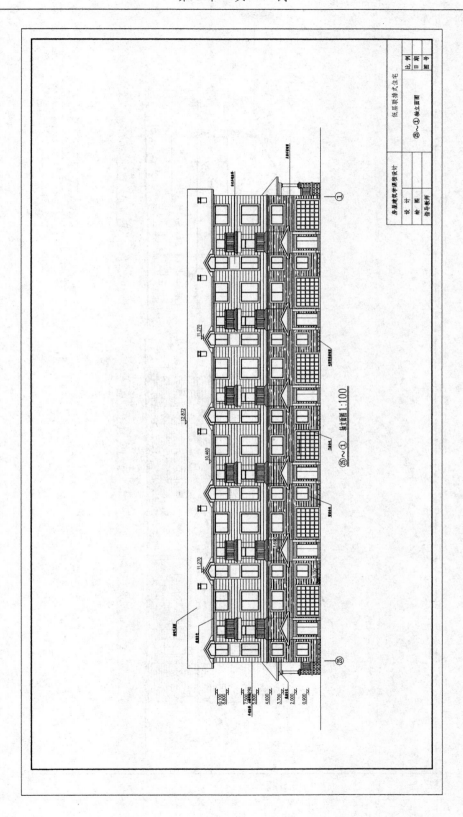

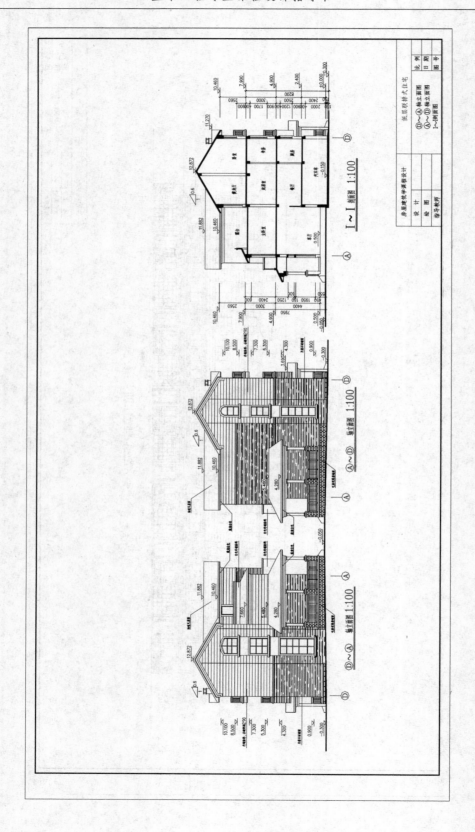

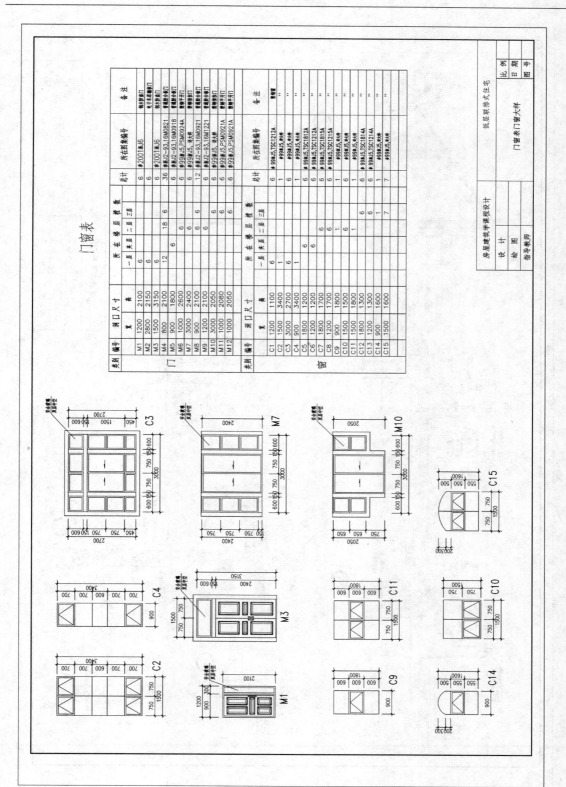

门窗表

类别	编号	洞口尺寸 宽	洞口尺寸 高	所在楼层数 一层	所在楼层数 二层	所在楼层数 三层	总计	所在图集编号	备注
门	M1	1200	2100	6			6		夹板弹簧门
	M2	2800	2150	6			6		电子卷帘弹簧门
	M3	1500	3150	6			6		夹板弹簧门
	M4	800	2100	12	18	6	36	#赣J2-93,16M0821	手搬推拉门
	M5	900	1800		6		6	#99赣J5,PSM0924A	手搬推拉门
	M6	1000	2600		6		6	#99赣J5,承人楼	手搬推拉门
	M7	3000	2400		6	6	12	#赣J2-93,16M0918	手搬推拉门
	M8	900	2100		6		6		手搬推拉门
	M9	1200	2100		6		6	#赣J2-93,16M1221	手搬推拉门
	M10	3000	2050		6		6	#99赣J5,PSM0921A	卷帘半弹门
	M11	1000	2080		6		6		卷帘半弹门
	M12	1500	2050		6		6	#99赣J5,PSM0921A	卷帘平开门

类别	编号	洞口尺寸 宽	洞口尺寸 高	所在楼层数 一层	所在楼层数 二层	所在楼层数 三层	总计	所在图集编号	备注
窗	C1	1200	1100	6			6	#99赣J5,TSC1212A	塑钢窗
	C2	1500	3400	1			1	#99赣J5,其他	"
	C3	3000	2700		6		6	#99赣J5,其他	"
	C4	3000	3400	1			1	#99赣J5,其他	"
	C5	1800	1200		6		6	#99赣J5,TSC1212A	"
	C6	1200	1200			6	6	#99赣J5,TSC1812A	"
	C7	1800	1700		6		6	#99赣J5,TSC1815A	"
	C8	1200	1700		6		6	#99赣J5,TSC1215A	"
	C9	900	1800		1		1	#99赣J5,其他	"
	C10	1500	1500		6		6	#99赣J5,其他	"
	C11	1500	1300			6	6	#99赣J5,TSC1814A	"
	C12	1800	1300		1		1	#99赣J5,TSC1214A	"
	C13	1200	1300		6		6	#99赣J5,其他	"
	C14	900	1600		1		1	#99赣J5,其他	"
	C15	1500	1600		7		7		"

C3　M7　M10　C15

C4　M3　C11　C10

C2　M1　C9　C14

低层联排式住宅

门窗表门窗大样

房屋建筑学课程设计

设 计　绘 图　指导教师

比 例　日 期　图 号

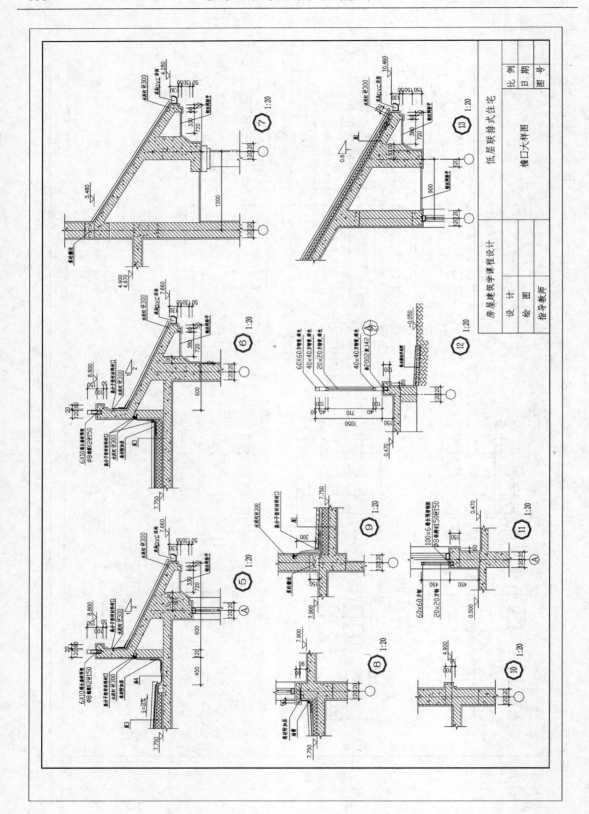

实例四　框架结构幼儿园

建　筑　设　计　总　说　明

房屋建筑学课程设计

框架结构幼儿园

建筑设计总说明

设计

指导教师

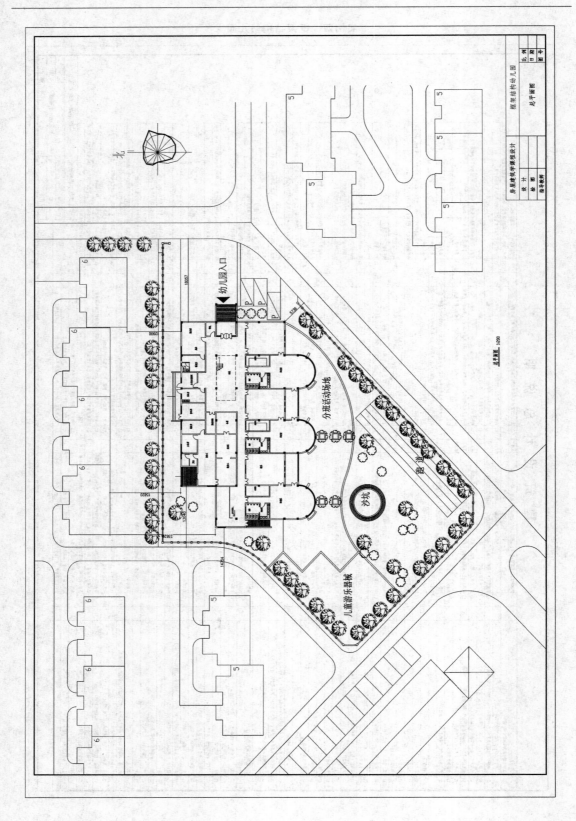

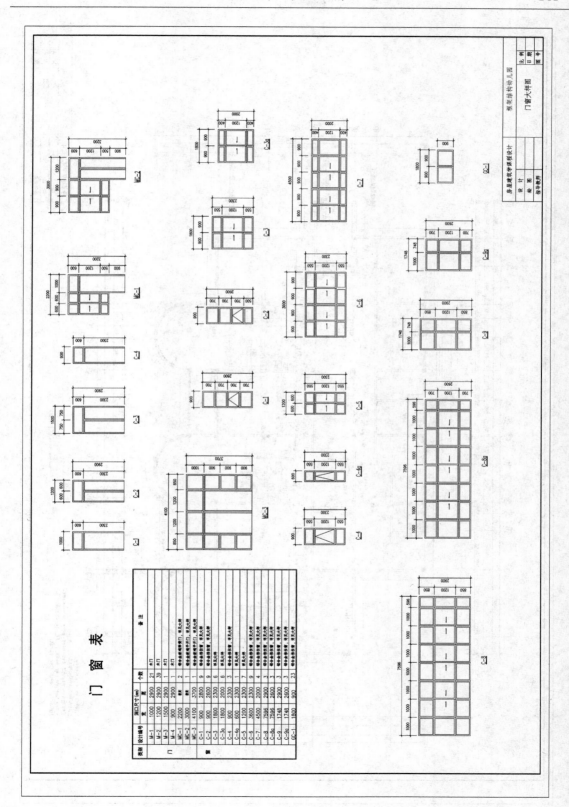

门 窗 表

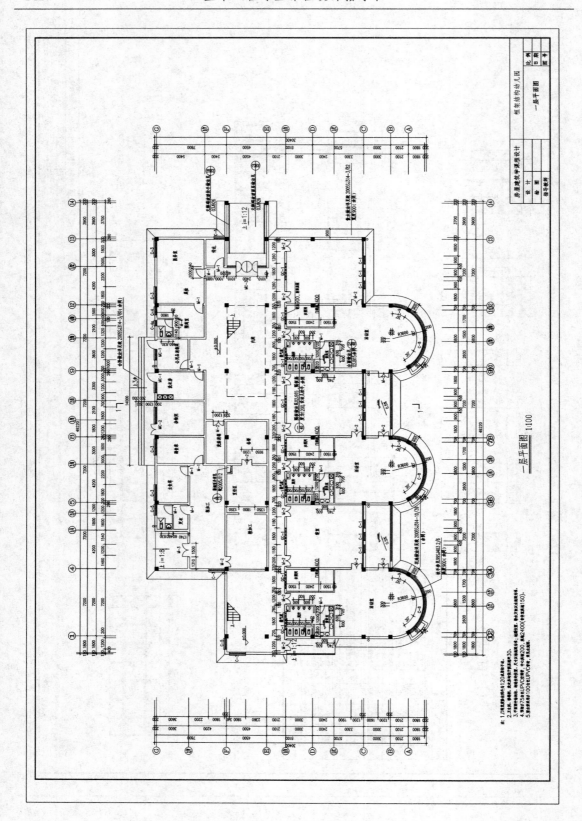

一层平面图 1:100

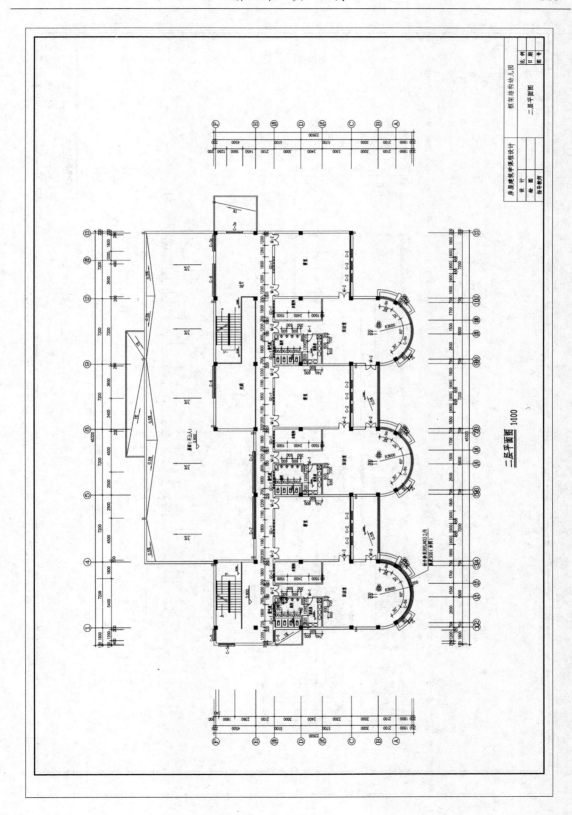

二层平面图 1:100

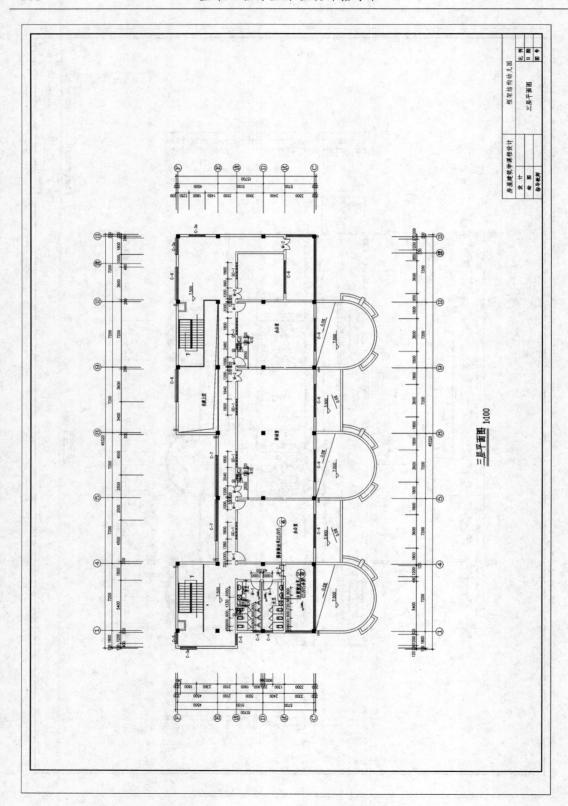

三层平面图 1:100

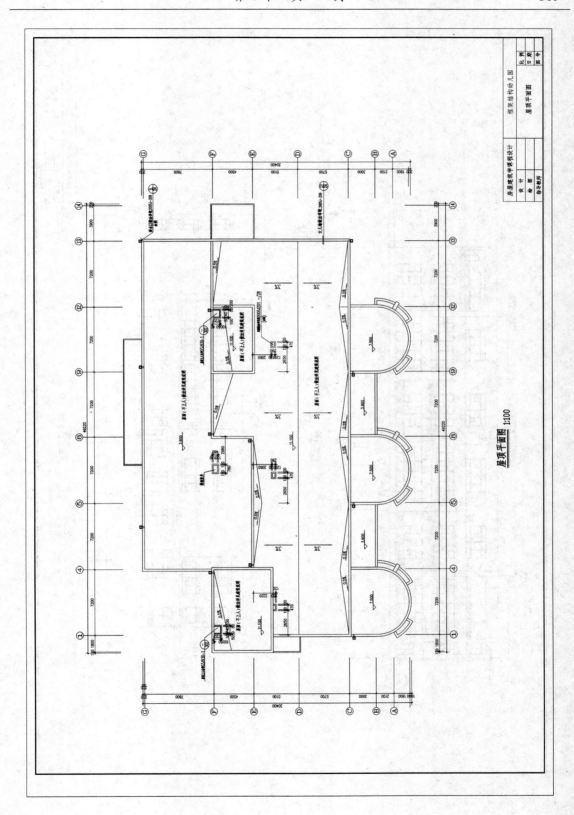

屋顶平面图 1:100

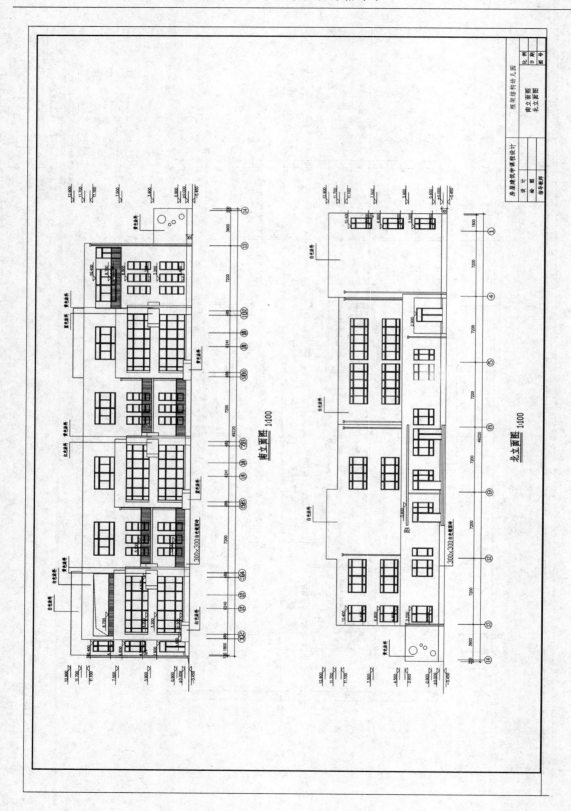

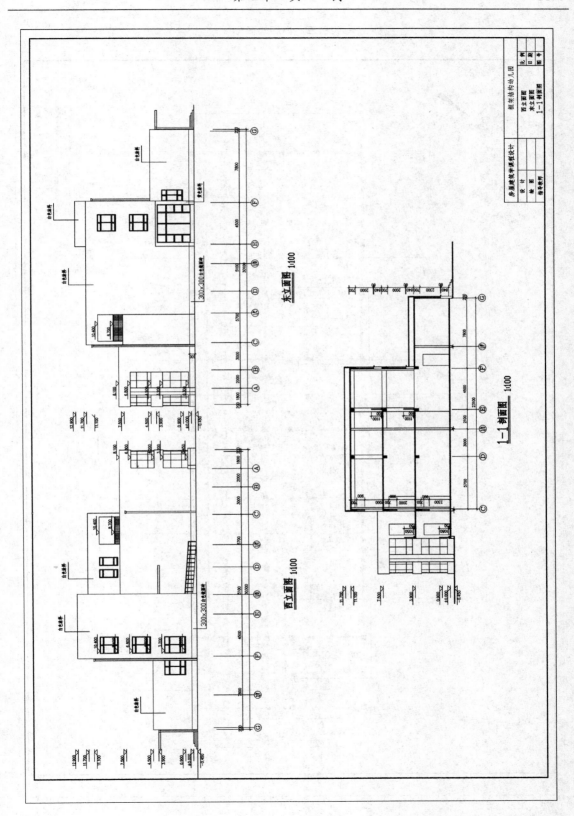

实例五　内廊式宿舍

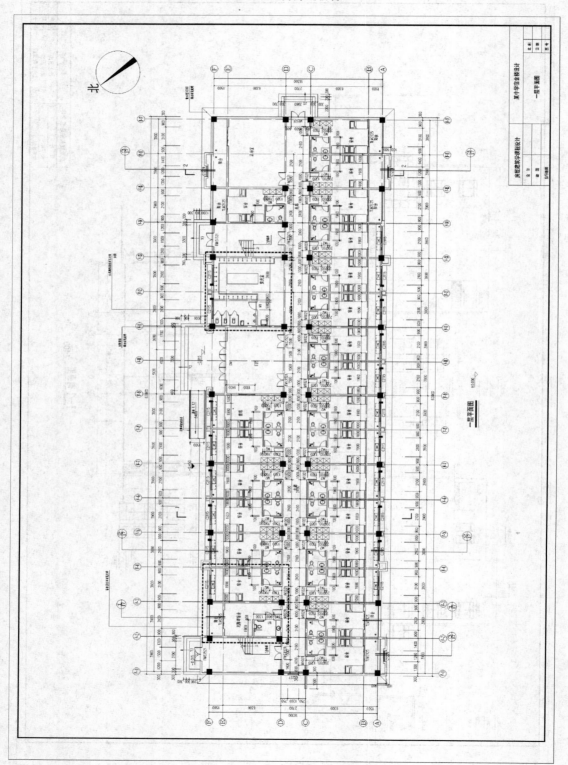

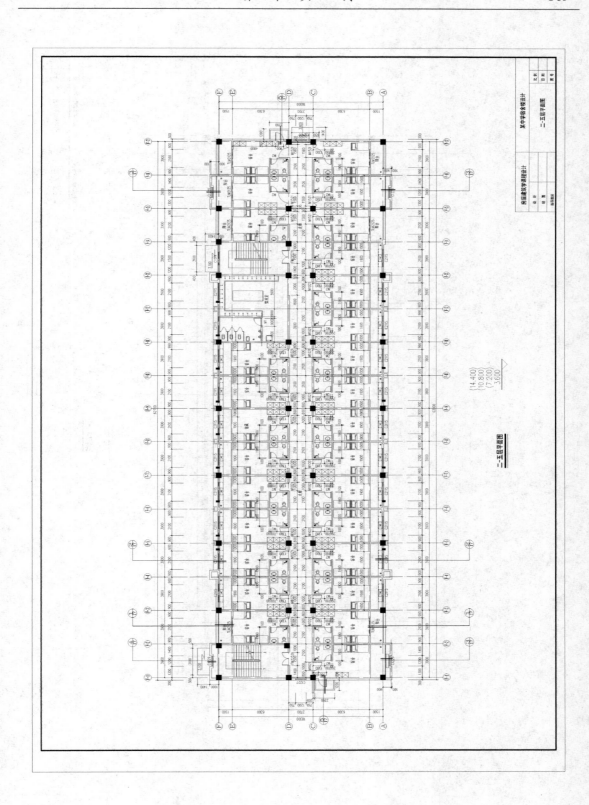

二~五层平面图

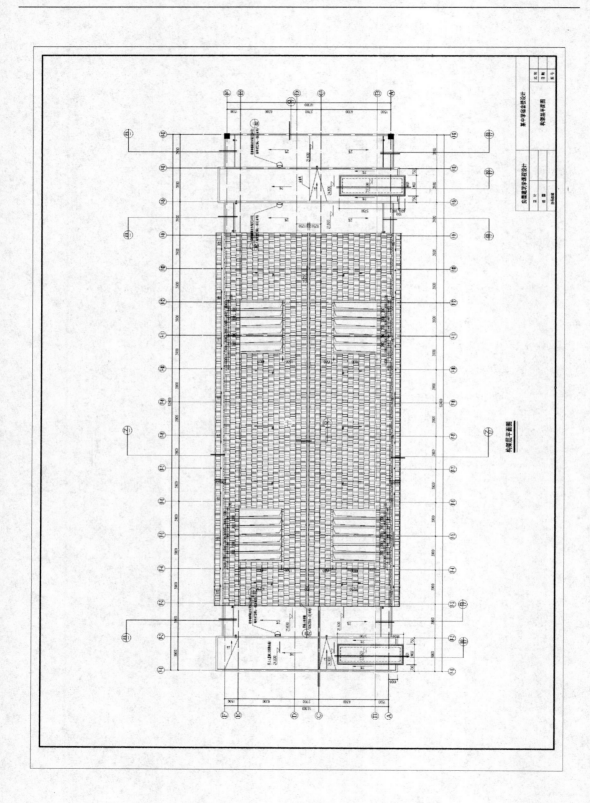

构架层平面图

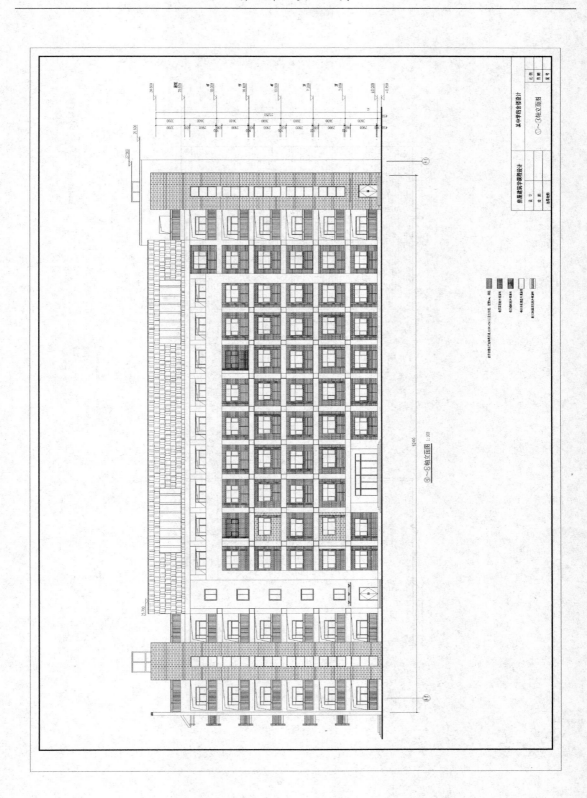

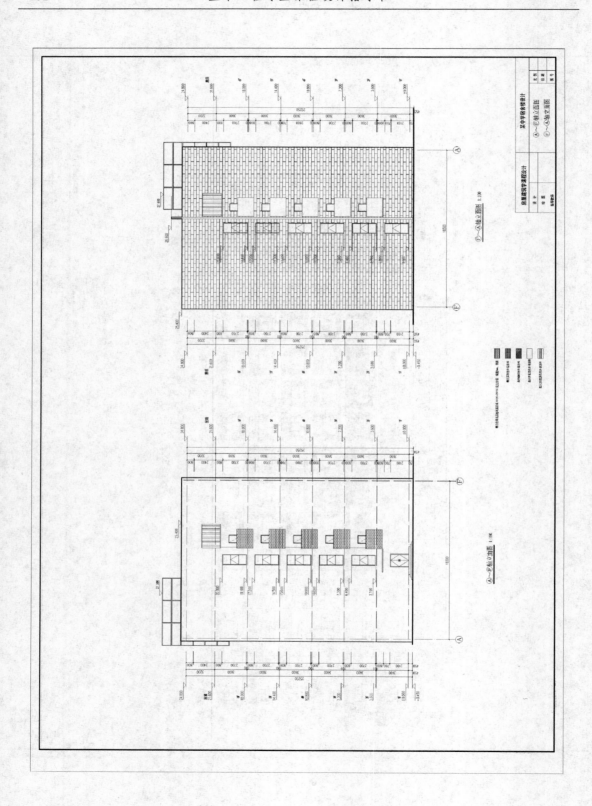

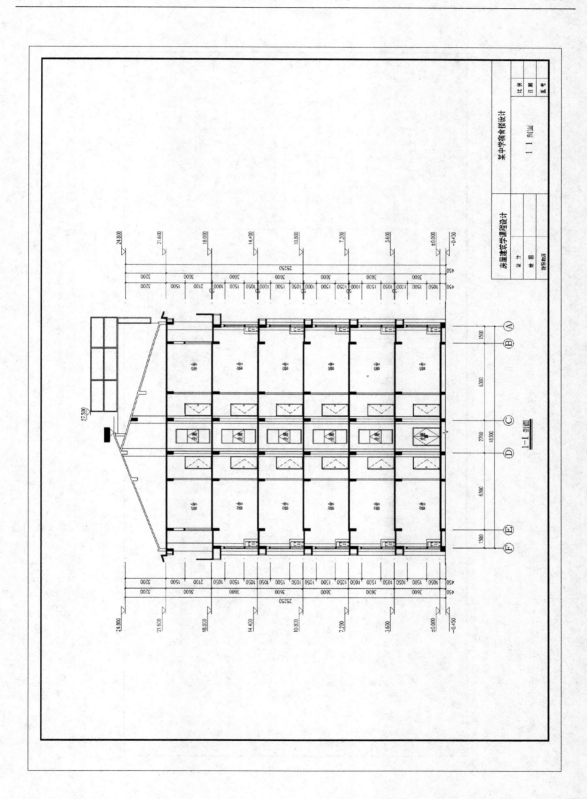

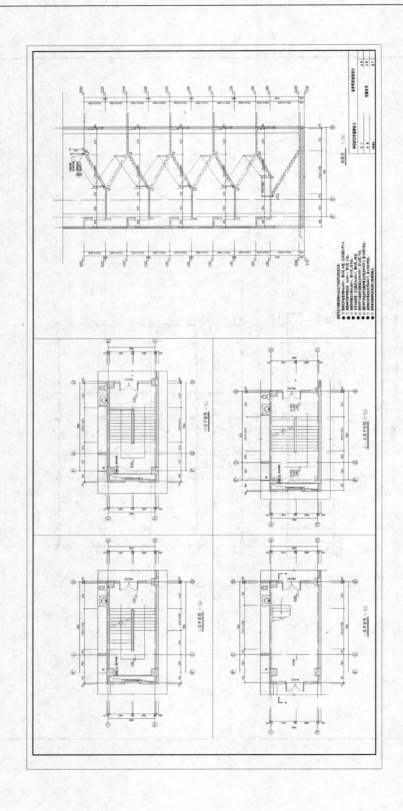

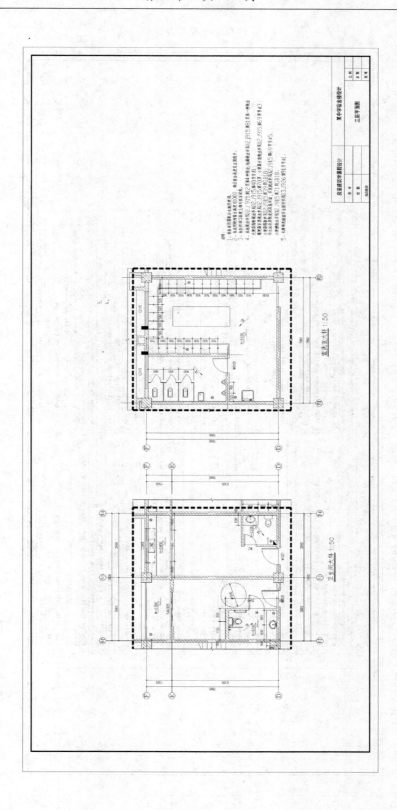

实例六　内廊式办公楼

建筑设计总说明

一、设计依据

1. 城市建设规划管理部门对本工程方案设计的审批意见.
2. 建设单位与我公司签订的《建设工程设计合同》.
3. 建设单位提供基地地形图、规划图及施工图设计指导书.
4. 现行的国家有关建筑设计规范、规程和规定，主要有：《民用建筑设计通则》GB50352-2005、《建筑设计防火规范》GB50016-2006 《办公建筑设计规范》JGJ67-2006、《安徽省公共建筑节能设计标准》DB34/T753-2011

二、工程概况

1. 工程名称：	安徽富雅印刷有限公司实验楼
2. 建设单位：	安徽富雅印刷有限公司
3. 地理位置：	安徽省亳州市利辛县
4. 使用功能：	办公楼
5. 建筑工程等级：	二类建筑
6. 设计使用年限：	五十年
7. 建筑面积：	总建筑面积 4461m²
8. 建筑层数：	5 层，建筑高度 18.900米
9. 建筑基底面积：	881.6m²
10耐火等级：	二级
11.屋面防水等级：	Ⅱ级
12抗震设防烈度：	六度
13主要结构类型：	框架结构

三、一般说明

1. 图注标高为相对标高，相对标高±0.000相当于厂区相对标高 0.650米（暂定，基点详见总图），室内外高差0.30米，定位见规划总平面图
2. 除注明外，建筑标注尺寸均以毫米为计算单位，建筑标高均以米为计算单位。图中尺寸数字均以图注为准，比例仅供参考.

四、主要工程做法

（一）墙体

1. 本工程墙体除特别注明外，±0.000以下与土壤接触改用200厚MU5.0煤矸石实心砖，±0.000以上内外填充墙采用200厚MU5.0煤矸石空心砖，其余内墙采用100厚MU5.0煤矸石空心砖。构造柱详见结施.
2. 内外墙体砌筑砂浆应饱满，外墙面粉刷砂浆中应掺 5%WJA防水剂.
3. 不同材料的交接处（如梁—墙，柱—墙）在抹灰时应加钉1mm 厚钢板网，每边压墙 200mm.
4. ±0.000以上采用M5.0混合砂浆砌筑，±0.000以下采用 M5.0水泥砂浆砌筑.
5. 墙体施工须按照《砌体结构设计规范》(GB50003-2011)及《混凝土结构设计规范》(GB50010-2010)等国家现行的有关标准规范的规定执行.
6. 填充墙与钢筋混凝土柱（墙）的连接构造见结构图.
7. 墙体裂缝、墙身、楼地面、门窗及屋面渗漏防治设计技术措施必须满足皖建设[2008]34号文规定.
8. 墙与柱子交接处应在灰缝处拉结措施，沿高度每0.5m设2ø6伸入墙内长1m.
9. 门窗顶过梁及墙体内圈梁设置均见结构图，本工程施工时，凡小于等于200 的门垛可采用C20素砼浇筑.
10. 墙身防潮层设于室内地坪下一皮砖处，1:2水泥砂浆掺5%的防水剂粉20厚.
11. 凡水、电穿梁板管线、固定管线、插头、门窗框连接等构造及技术要求由专业制作厂家提供.
12. 凡外墙与线条、凡外墙与空调板交接的砌体墙跟部须做200高C20现浇混凝土条带，宽度同墙宽.
13. 凡卫生间与楼地面交接的砌体墙跟部须做200高C20现浇混凝土条带，宽度同墙宽.
14. 凡外墙与屋面交接的砌体墙跟部须做300高C25现浇钢筋混凝土条带，宽度同墙宽.
15. 到楼板顶的非承重墙与楼板接触时，应斜砌实心砖，砂浆密实，保证砖墙与梁板紧密接触.
16. 凡内墙面饰面刷白色乳胶漆，做法详见 11J930-H7-内墙18.
17. 凡外墙面采用聚氨酯外墙涂料，做法详见11J930-F2-外墙1.

（二）楼地面

1. 除特别注明外，室外踏步混凝土垫层厚度同相邻室内地面，均为100厚.
2. 卫生间标高详见大样图并均向地漏方向做泛水坡以利排除积水.
3. 卫生间为水泥混凝土楼地面，做法详见国标05J909-地2A,楼2A/LD5，防水层四周上翻600,1.5厚聚氨酯防水涂膜.
4. 门厅为花岗岩地面，做法详见国标 05J909-地12A,楼12A/LD15.
5. 除卫生间之外的楼地面为水泥混凝土楼地面，做法详见国标 05J909-地1A,楼1A/LD4.

（三）顶棚

1. 门厅、会议室、卫生间需吊顶的房间顶棚可不做面层，不吊顶的房间顶棚为白色乳胶漆顶棚，做法详见国标 05J909-棚6A/DP7.

（四）踢脚

1. 卫生间不做踢脚.
2. 除卫生间、门厅之外为水泥砂浆踢脚，做法详见国标05J909-踢1A,踢1C/TJ2.

（五）装修及安装工程

1. 外装修见立面图，要求一次完成，所有外装修材料均应由设计人员、甲方、施工方及监理单位共同商议后方可使用.
2. 承包商二次设计轻钢结构、石材幕墙、装饰物等,经确认后向建筑设计单位提供预埋件的设置要求.
3. 外装修选用的各项材料其材质、规格、颜色等，均由施工单位提供样板，经建设单位和设计单位确认后进行封样，并据此验收.
4. 室内装修色彩由甲方和专业室内设计公司共同商定.
5. 凡檐口、雨篷、窗套、阳台底均应做滴水线（成品滴水线）.
6. 金属面油漆详见国标图集05J909-TL20-油32，木材面油漆详见国标图集05J909-TL15-油11，所有钢管焊接均为满焊.
7. 所有外墙和室内经常有水房间内墙迎水面基层中均掺加 5%WJA防水剂.
8. 墙体面层喷涂或油漆须待粉刷基层干燥后进行，凡木材与墙体接触部位须浸渍满涂防腐油漆.
9. 二次装修应符合建筑内部装修设计防火规范(GB50222-95)2001年修订版的要求.
10. 凡管道安装及固定构件、突出墙面的设备，应对尖角做保护处理，避免伤人.

（六）屋面

1. 本工程属Ⅱ级防水，防水层耐用年限15年，二道防水设防.
2. 屋面落水构件组合见国标11J930-1-J25、J26、J29.
3. 屋面排水一律采用有组织落水，落水管采用UPVC塑料管，出水口采用4厚钢板焊制，出水口和地漏接口等处一律采用优质防水油膏封缝
   基层与突出屋面结构（女儿墙、墙、管道、上人孔、天沟、檐口等）的转角处水泥砂浆粉刷均做成圆弧或钝角.
4. 凡管道穿屋面等屋面留洞孔位置须检查核实后再做防水材料，避免做防水材料后凿洞.
5. 屋面找坡坡向雨水口，在雨水口部坡度加大成积水区，雨水口位置及坡向详见屋面平面图.
6. 高跨屋面雨水排至低跨屋面上时，应在雨水管正下方的屋面嵌设300X300X200水簸箕保护,四周找平,纯水泥浆擦缝。做法详见国标 99J201-1-33-2
7. 不上人不保温平屋面，做法见国标11J930-J8-屋12，防水层用SBS高聚物改性沥青防水卷材3厚，双层铺设，水泥膨胀珍珠岩找坡层最薄处30厚.

房屋建筑学课程设计		某办公楼设计		
设　计		设计说明	比例	
绘　图			日期	
指导老师			图号	

建　筑　设　计　总　说　明

安徽省公共建筑节能一览表

设计说明

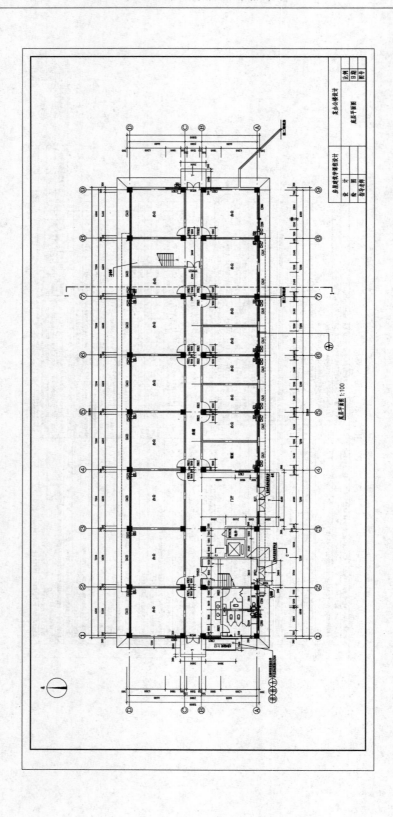

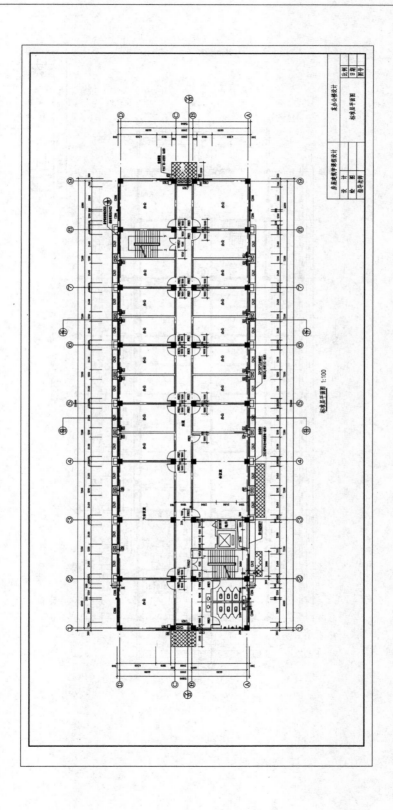

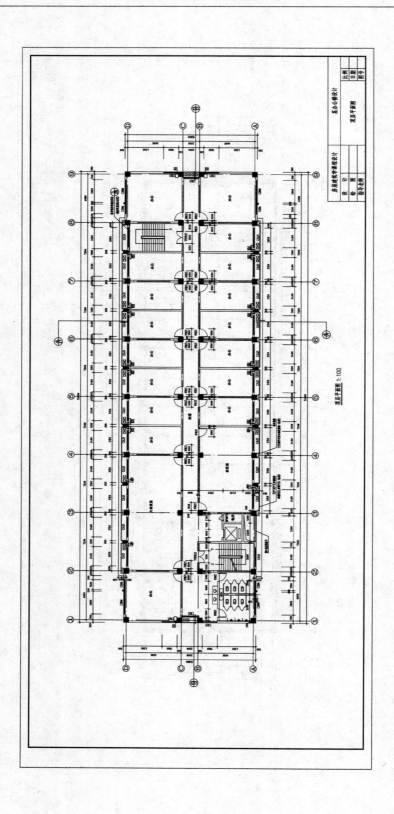

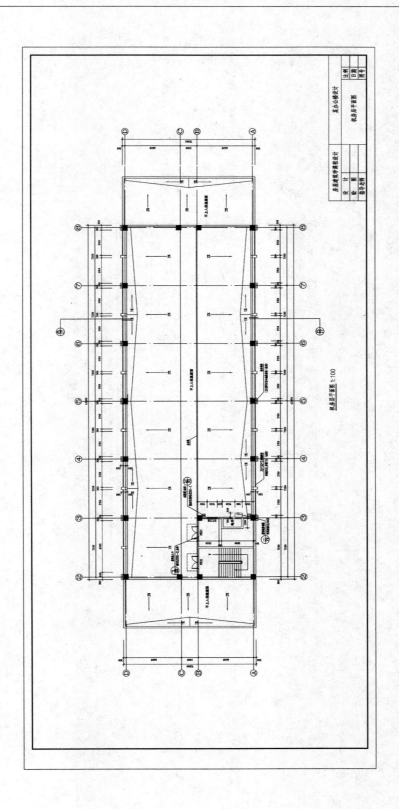

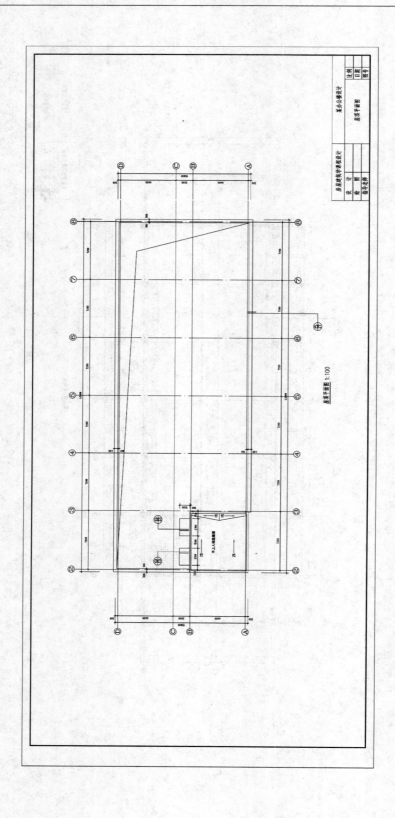

屋顶平面图 1:100

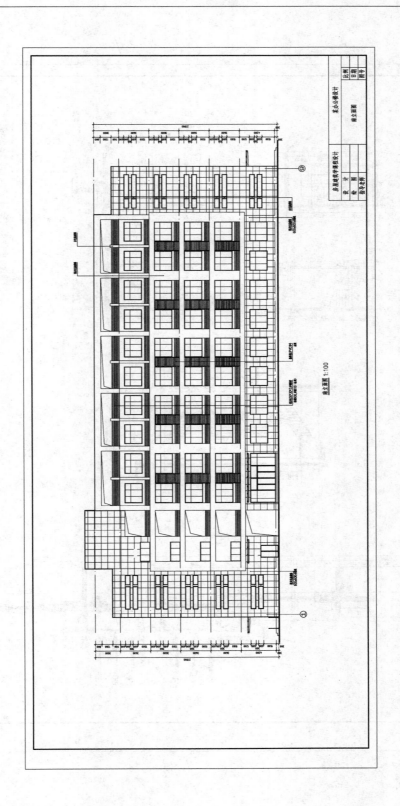

南立面图 1:100

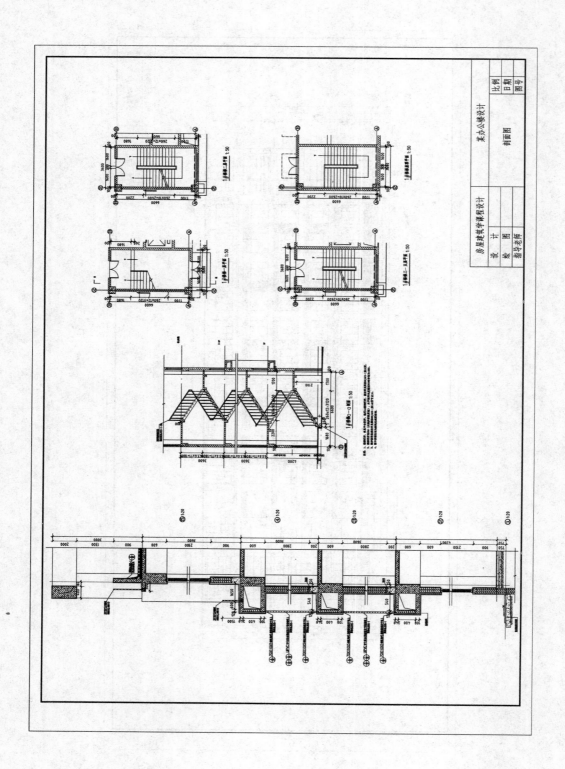

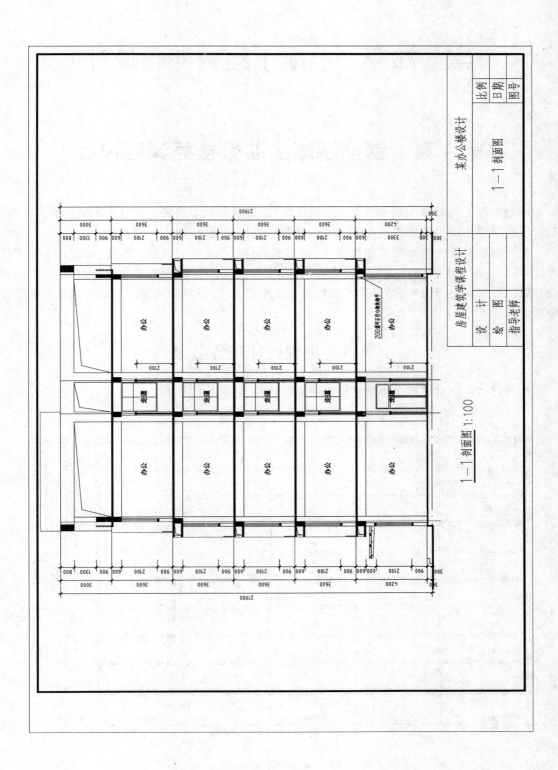

1—1 剖面图 1:100

第二部分　混凝土结构课程设计

第4章　钢筋混凝土肋梁楼盖课程设计

　　钢筋混凝土肋梁楼盖是由板和梁的肋部组成,按板的长短边之比可分为单向板和双向板,肋形楼盖是应用最多的楼盖结构形式,受力明确,用钢量较低,但支模较复杂。

　　现浇钢筋混凝土肋梁楼盖课程设计,是土木工程专业重要的教学实践环节,通过本次课程设计,可以帮助学生巩固课程基本理论知识,培养学生独立思考、独立工作的能力,让学生们体会到做工程设计的苦与乐,尽早进入工程角色。本章介绍现浇钢筋混凝土单向板、双向板肋梁楼盖设计。

4.1　课程设计任务书

　　某多层工业厂房采用现浇钢筋混凝土肋梁楼盖,楼盖结构平面布置如图4.1所示。

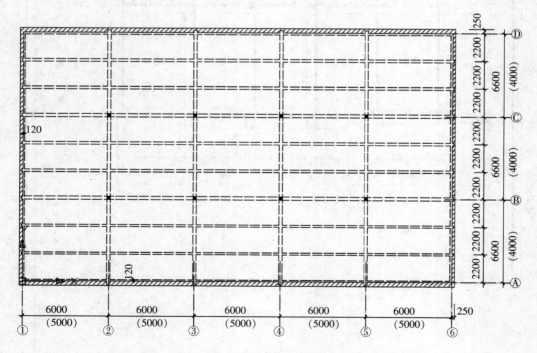

图 4.1　楼盖结构平面布置图

4.1.1　设计资料

1. 结构特征：外墙采用 370mm 承重砖墙，钢筋混凝土柱截面尺寸为 300mm×300mm，梁板支承情况如图 4.2 所示。

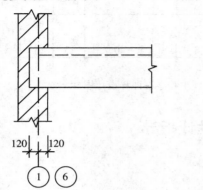
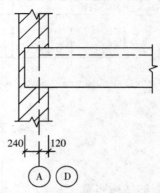

图 4.2　梁板支承情况

2. 材料：混凝土的强度等级为 C25；梁内主筋采用 HRB400 钢筋；其余钢筋采用 HPB300 钢筋。

3. 楼面可变荷载标准值为 6kN/m²。

4. 楼盖作法：

30mm 厚水泥砂浆面层；

钢筋混凝土现浇板；

底面层采用乳胶漆饰面。

4.1.2　设计内容

1. 单向板肋梁楼盖设计

按照图 4.1 所示楼盖结构平面图进行楼板、次梁、主梁的计算，板、次梁按塑性理论方法计算，主梁按弹性理论方法计算。

2. 双向板肋梁楼盖设计

按照图 4.1 所示楼盖结构平面图括号中的尺寸数据，重新设计此楼盖。双向板按弹性理论方法计算。

4.1.3　设计要求

1. 结构计算书

单向板、双向板肋梁楼盖的全部设计计算内容，应含所有的计算简图、内力图和内力组合表格、主梁的弯矩和剪力包络图、控制截面的配筋简图。

2. 结构施工图

两张 2# 图纸，其内容包括：单向板肋梁楼盖结构平面布置图；板、次梁、主梁配筋施工详图；主梁弯矩包络图、抵抗弯矩图和主梁钢筋明细表。

3. 计算书应用黑色墨水誊写，施工图采用铅笔绘制。

4. 本次课程设计的图标参照下图绘制

图 4.3   合肥工业大学土木与水利工程学院课程设计图标

4.2   课程设计指导

4.2.1   楼盖的结构布置

1. 柱网布置

柱网布置将影响房屋的适用性和造价,进行柱网布置应遵循以下原则:

(1)使用要求:公共建筑的大厅一般要求有较大的柱网尺寸,居住建筑主要取决于居室标准,工业厂房主要按工艺要求确定柱网尺寸。

(2)经济性:柱网大则楼盖刚度大,楼盖的材料用量增加,柱子相对较少,建筑面积利用率高;柱网过小则柱子增多,梁板结构由于跨度小而按构造要求设计经济性稍差。柱网的经济尺寸一般为 5.0~8.0m。

2. 梁格布置

梁格布置的原则是:

(1)单向板的经济跨度一般为 1.5~3.0m,双向板的经济跨度一般为 4.0~6.0m,次梁的经济跨度一般为 4.0~6.0m,主梁的经济跨度一般为 5.0~8.0m,同时宜为板跨的 3 倍(即设置二道次梁),这样主梁的受力均匀,弯矩变化较为平缓,有利于主梁的受力。

(2)较大孔洞的四周、非轻质隔墙下、较重设备下应设梁。

4.2.2   梁、板截面尺寸的确定

梁、板截面尺寸的确定可参见表 4.1 所列。

表 4.1   钢筋混凝土梁、板截面尺寸

构件种类	截面高度 h 与跨度 l 比值	附 注
简支单向板 两端连续单向板	$\dfrac{h}{l} \geqslant \dfrac{1}{35}$ $\dfrac{h}{l} \geqslant \dfrac{1}{40}$	单向板 h 不小于下列值: 屋顶板 60mm 民用建筑楼板 60mm 工业建筑楼板 70mm
四边简支双向板 四边连续双向板	$\dfrac{h}{l_1} \geqslant \dfrac{1}{45}$ $\dfrac{h}{l_1} \geqslant \dfrac{1}{50}$	双向板 h 160mm $\geqslant h \geqslant$ 80mm l_1 为双向板的短向跨度

（续表）

构件种类	截面高度 h 与跨度 l 比值	附　　注
多跨连续次梁 多跨连续主梁 单跨简支梁	$\dfrac{h}{l} = \dfrac{1}{12} \sim \dfrac{1}{18}$ $\dfrac{h}{l} = \dfrac{1}{8} \sim \dfrac{1}{14}$ $\dfrac{h}{l} = \dfrac{1}{8} \sim \dfrac{1}{14}$	梁的高宽比(h/b) 一般取 $1.5 \sim 3.0$ 并以 50mm 为模数

4.2.3　单向板和双向板的区分

梁格的长边与短边的比例有变化,板的传力状况出现很大的差异。现以承受均布荷载的四边简支板(图 4.4)为例说明四边支承板的荷载传递。

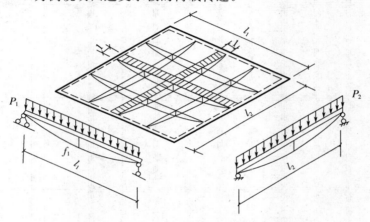

图 4.4　四边支承板的荷载传递

图 4.4 中,短边为 l_1,长边为 l_2,在板的中点处,取出两个单位宽度的正交板带,根据跨中挠度相等的原则得:

$$f_1 = \frac{5 p_1 l_1^4}{384 E_c I_1}, \quad f_2 = \frac{5 p_2 l_2^4}{384 E_c I_2} \tag{4-2-1}$$

忽略钢筋的差异,取 $I_1 = I_2$,得 $p_1 l_1^4 = p_2 l_2^4$ $\tag{4-2-2}$

又 $\qquad\qquad\qquad\qquad p_1 + p_2 = p$ $\tag{4-2-3}$

联立以上两个方程式解得

$$p_1 = p \frac{l_2^4}{l_1^4 + l_2^4}, \quad p_2 = p - p_1 \tag{4-2-4}$$

若取 $\dfrac{l_2}{l_1} = 2$,解得

$$p_1 = 0.94p, \quad p_2 = 0.06p \tag{4-2-5}$$

亦即当 $l_2/l_1 > 3$ 时,沿长跨方向分配到的荷载还不到 6%,可近似认为全部荷载通过短跨方向传至长边支座,在计算上可忽略长向弯矩,在配筋上按构造处理,这种板称为单向板。

当 $l_2/l_1 \leqslant 3$ 时,沿两个方向分配到的荷载都不能忽略,计算上必须考虑两个方向受弯作用的板称为双向板。图 4.5、图 4.6 分别为单向板、双向板肋梁楼盖平面布置配筋图。

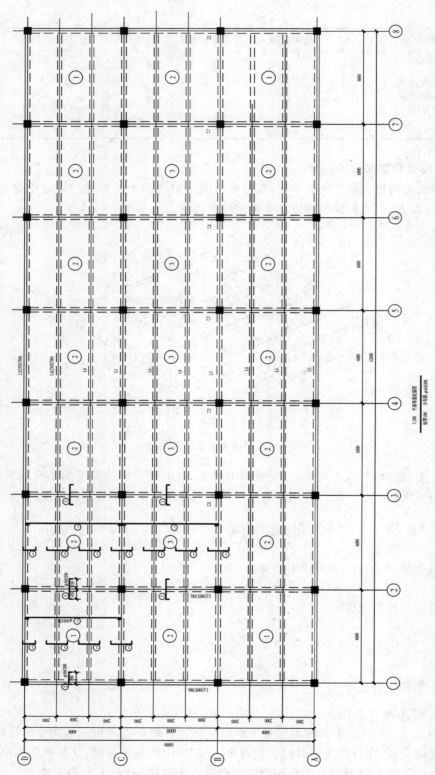

图 4.5　某单向板肋梁楼盖平面布置配筋图

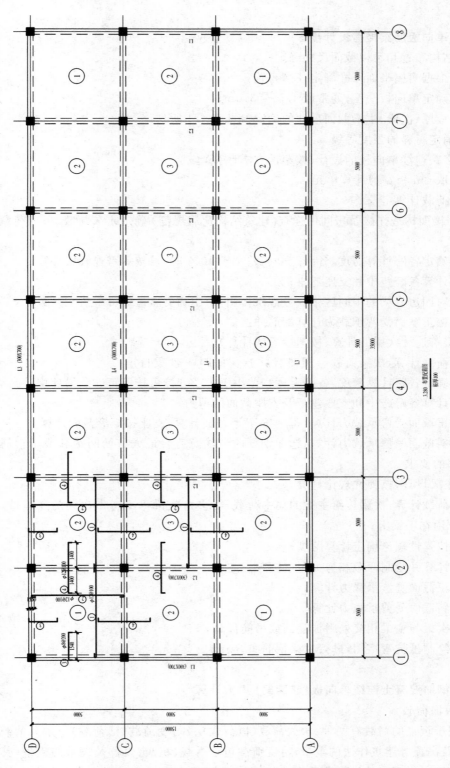

图 4.6　某双向板肋梁楼盖平面布置配筋图

4.2.4　单向板肋梁楼盖设计步骤

1. 结构布置和梁板截面尺寸确定

(1) 根据房屋平面尺寸确定柱网布置；

(2) 确定单向板跨度，通常取 1.5 ～ 3.0m；

(3) 板厚、次梁、主梁截面尺寸的确定参见表 4.1 所列。

2. 确定材料的强度等级。

3. 多跨连续单向板的设计(按塑性方法计算)

(1) 取 1m 板宽为计算单元；

(2) 荷载计算

根据楼面构造作法及房间用途查《建筑结构荷载规范》确定永久荷载、可变荷载的标准值和设计值；

(3) 确定各跨计算跨度，各跨跨度相差小于 10% 时，可按等跨连续板计算；

(4) 计算各跨跨中和支座弯矩；

(5) 对四边有梁的中间区格板考虑拱作用，跨中和支座弯矩可乘折减系数 0.8；

(6) 按正截面受弯承载力计算配筋并选筋。

4. 多跨连续次梁的计算(按塑性方法计算)

(1) 荷载计算，次梁荷载 = 板荷载 × 次梁间距 + 次梁自重；

(2) 确定各跨计算跨度，各跨跨度相差小于 10% 时，可按等跨连续梁计算；

(3) 计算各跨跨中和支座弯矩及支座截面的剪力；

(4) 正截面受弯承载力计算：跨中按 T 形截面计算，支座按矩形截面计算；

(5) 斜截面受剪承载力计算，选配钢筋时应注意符合最大箍筋间距和最小箍筋直径和最小配箍率的要求。

5. 主梁设计(按弹性理论计算)

(1) 荷载计算：次梁传给主梁的集中荷载，对多跨次梁可不考虑次梁的连续性，按简支梁的反力作用在主梁上；

(2) 按弹性理论确定计算跨度；

(3) 计算并绘制弯矩和剪力包络图；

(4) 正截面受弯承载力计算；

(5) 斜截面受剪承载力计算；

(6) 次梁与主梁相交处附加箍筋或吊筋计算；

(7) 绘制抵抗弯矩图，进行主梁钢筋布置。

4.2.5　钢筋混凝土连续单向板(连续梁) 内力计算

1. 板面荷载

作用于板上的荷载有两种：永久荷载(恒荷载) 及可变荷载(活荷载)。永久荷载包括板自重、地面及吊顶等建筑作法的重量，可变荷载包括雪载、积灰、人群及设备的重量，其值应视楼盖屋盖的用途，查《建筑结构荷载规范》(GB50009—2012)确定。荷载的传力途径为板 → 次梁 → 主梁 → 柱或墙 → 基础 → 地基。

2. 负荷范围

板、次梁及主梁所承受的荷载，应根据实际情况确定，设计时可参照图 4.7 确定板、次梁及主梁的计算负荷范围。

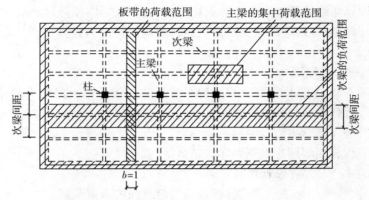

图 4.7　板、次梁及主梁负荷范围

3. 计算简图

在设计计算时，首先要确定计算简图，这样可以使设计计算得到简化，确定计算简图时应尽量反应结构的实际受力情况，忽略一些次要因素。

（1）支座的简化

板或梁支承在砖墙上时，由于嵌固作用很小，可简化成铰支座，由此引起的误差可通过构造措施加以弥补。板支承在次梁上，次梁支承在主梁上可简化成铰支座；主梁支承在柱上，支座的简化按主梁和柱的线刚度比来确定，当梁和柱的线刚度比 ≤ 5，可将主梁视为铰接在柱上的连续梁，否则应按框架梁来考虑。

（2）计算跨数

连续梁相邻计算跨度的差值不超过 10% 时按等跨来考虑。连续梁实际跨数小于 5 跨时，按实际跨数来考虑；连续梁实际跨数大于 5 跨按 5 跨来考虑，中间各跨内力可认为和第三跨内力相等。

（3）计算跨度取值

计算跨度是计算内力时所采用的跨间长度，支承长度和构件本身刚度会影响计算跨度的选取。计算跨度的确定可参见表 4.2 所列。

表 4.2　连续梁、板的计算跨度 l_0

支承情况	按弹性理论计算		按塑性理论计算	
	梁	板	梁	板
两端与梁（柱）整体连接	l_c	l_c	l_n	l_n
两端搁置在墙上	$\min(1.05l_n + l_c)$	$\min(l_n + t, l_c)$	$\min(1.05l_n + l_c)$	$\min(l_n + t, l_c)$
一端与梁整体连接，另一端搁置在墙上	$\min(1.025l_n + b/2, l_c)$	$\min(l_n + b/2 + t/2, l_c)$	$\min(1.025l_n, l_n + a/2)$	$\min(l_n + t/2, l_n + a/2)$

注：表中的 l_c 为支座中心线间的距离，l_n 为净跨，t 为板的厚度，a 为板、梁在墙上的支承长度，b 为板、梁在梁或柱上的支承长度。$\min(x, y)$ 表示取 x, y 中的较小值。

应当注意的是,按弹性方法计算连续梁板内力和按塑性方法计算连续梁板内力时,支承条件的简化、计算跨数的确定是相同的,但计算跨度的选取是不同的。

4. 按弹性方法计算连续梁板内力

按弹性方法计算连续梁板内力是将梁板均视为匀质弹性体,不等跨连续梁、板的内力可采用结构力学的方法确定;等跨连续梁、板可以利用《建筑结构静力计算手册》的内力系数表(见附表 2)进行计算。

(1)活载最不利布置原则

确定活载的最不利布置,就是要研究如何布置活载以使截面上的内力最不利。可按下述原则(图 4.8)进行活载最不利布置。

① 求某跨跨中 $+M_{max}$,本跨及隔跨布置活载。

② 求支座 $-M_{max}$,相邻两跨及隔跨布置活载。

③ 求某支座左右 V_{max},活载布置同 ②。

④ 求某跨跨中 $+M_{min}$,本跨不布置活载,相邻跨及隔跨布置活载。

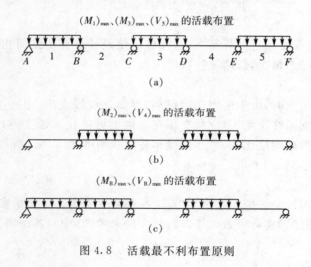

图 4.8 活载最不利布置原则

(2)绘制内力包络图的步骤

① 确定各跨的恒载和活荷载;

② 计算求得连续梁在恒载作用下的弯矩图和剪力图;

③ 确定各截面(跨中和支座)内力最不利活荷载布置,计算求得相应的弯矩图和剪力图;

④ 将 ③ 求得的所有不利活荷载布置下的弯矩图和剪力图与 ② 求得的恒载作用下的弯矩图和剪力图分别叠加;

⑤ 将 ④ 所得的所有弯矩图绘在同一图中,该图的外包线即是弯矩包络图;

⑥ 将 ④ 所得的所有剪力图绘在同一图中,该图的外包线即是剪力包络图。

弯矩包络图是计算和布置纵筋的依据,设计时应注意使抵抗弯矩图包住弯矩包络图,剪力包络图是计算和布置箍筋和弯起钢筋的依据。绘制内力包络图的步骤可参考图 4.9。

图 4.9(a)为两跨连续梁的计算简图;图 4.9(b)为恒载作用下的 M,V 图;图 4.9(c)是求得支座最大 $-M_{max}$ 时活载作用下的 M,V 图;图 4.9(d),4.9(e)是求得跨中 $+M_{max}$ 时活载作用下的 M,V 图,最后,将上述所示的几种情况下的弯矩图与剪力图分别叠画在同一张坐标图

上,则这一叠加图的最外轮廓线就代表了任意截面在活荷载不利布置下可能出现的最大内力,最外轮廓所围的内力图称为内力包络图,图 4.9(f)。

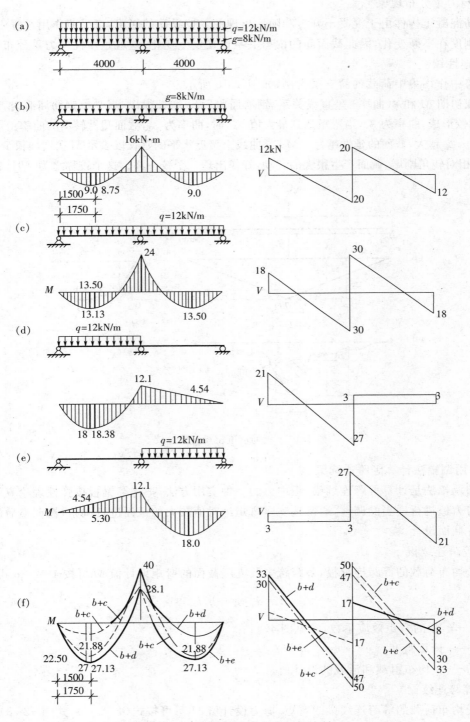

图 4.9　两跨梁内力包络图的绘制

5. 按塑性理论计算梁续梁板内力

（1）塑性内力重分布的基本原理

① 内力重分布现象

钢筋混凝土构件由于混凝土开裂和随后出现的受拉纵筋的屈服,在受荷作用过程中,梁的各截面刚度在不断变化,因此截面间的内力关系也在发生变化,这就是塑性内力重分布现象。

② 塑性铰

以跨中作用集中荷载的简支梁为例,如图 4.10 所示

加载初期 M 和 ϕ（曲率）呈直线关系,钢筋屈服后,ϕ 增长很快,当受拉钢筋屈服时,弯矩为 M_y,塑性铰形成,曲率为 ϕ_y,当弯矩达到最大值 M_u 时,曲率为 ϕ_u,截面塑性转动的曲率由 $\phi_u - \phi_y$ 决定,$\phi_u - \phi_y$ 越大,截面的延性越好。$M - \phi$ 曲线上接近水平的延长段表示 M 在增加很少的情况下,截面相对转角剧增,截面产生很大的转动,好像出现一个铰一样。这个铰称之为"塑性铰"。

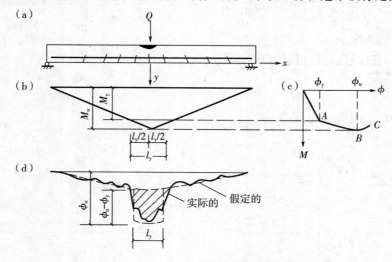

图 4.10   钢筋混凝土梁的塑性铰

（2）用调幅法计算等跨连续梁、板

所谓调幅法是计算等跨连续梁、板内力的一种实用方法,把连续梁板按弹性理论算得的弯矩值和剪力值进行适当的调整,通常选支座弯矩绝对值较大的截面进行调整,按调整后的内力进行构件截面设计。

① 等跨连续板

承受均布荷载的等跨连续板,各跨跨中及支座截面的弯矩设计值 M 可按 4-2-6 式计算:

$$M = \alpha_m (g + q) l_0^2 \qquad (4-2-6)$$

式中,α_m—— 板的弯矩效应系数,参见图 4.11;

　　l_0—— 计算跨度;

　　$g、p$—— 均布恒载和活载的设计值。

② 等跨连续梁

承受均布荷载的等跨连续梁的弯矩、剪力设计值 M,V 可按式(4-2-7),式(4-2-8)计算:

$$M = \alpha (g + p) l_0^2 \qquad (4-2-7)$$

$$V = \beta(g + p)l_n \qquad\qquad (4-2-8)$$

式中，α，β —— 分别为连续梁的弯矩和剪力效应系数，参见图 4.12，图 4.13；

　　　　　l_0，l_n —— 连续梁的计算跨度和净跨；

　　　　　g、p —— 均布恒载和活载的设计值。

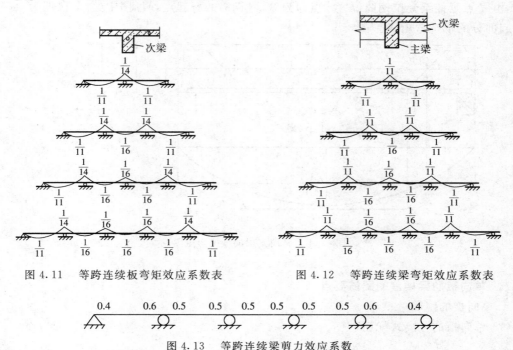

图 4.11　等跨连续板弯矩效应系数表　　　　图 4.12　等跨连续梁弯矩效应系数表

图 4.13　等跨连续梁剪力效应系数

4.2.6　受弯构件的抵抗弯矩图

　　受弯构件中，从节约钢筋的角度，可根据设计弯矩图将钢筋截断，或者将钢筋弯起用于抗剪，钢筋截断和弯起后应注意保证构件的受弯承载力，这样必须了解抵抗弯矩图的概念。

　　抵抗弯矩图（M_u 图）是按实际配置的纵向受力钢筋绘出的各截面抵抗弯矩，即受弯承载力 M_u 沿构件轴线方向的分布图形。

　　图 4.14 所示简支梁中，梁底弯起 1Φ22 钢筋。

　　首先需算出各根钢筋提供的受弯承载力 M_{ui}，若截面的总配筋量为 $A_s = \sum A_{si}$，截面抵抗弯矩为 $M_u = A_s f_y(h_0 - 0.5x) = (\sum A_{si})f_y(h_0 - 0.5x)$，所以该截面各根钢筋的抵抗弯矩为 M_{ui} 为：

$$M_{ui} = \frac{A_{si}}{A_s}M_u \qquad\qquad (4-2-9)$$

　　现记 ① 号钢筋 1Φ22 的抵抗弯矩为 M_{u1}，② 号钢筋 2Φ25 的抵抗弯矩为 M_{u2}，则梁的跨中 a 点的抵抗弯矩为 $M_{u1} + M_{u2} = M_u$，因为在 a 点 $M_u = M_{max}$，所以称 a 点为 ① 号钢筋和 ② 号钢筋的充分利用点。2Φ25 全部伸入支座，所以 M_{u2} 图为水平线。M_{u2} 图与 M 图的交点为 b，在该点 ② 号钢筋的强度可充分发挥，故 b 点为 ② 号钢筋的充分利用点，在 b 点之外，仅由 ② 号钢筋即可满足受弯承载力的要求，不再需要①号钢筋，因此 b 点是①号钢筋的不需要点，故可将①号钢筋弯起作抗剪钢筋，画图时应注意把①号钢筋放在外侧，由于弯起钢筋的力臂是逐渐减小的，近似地认为弯起钢筋与梁轴线相交（交点为 d）进入受压区后，其抵抗弯矩 M_{u1} 为 0。为保证正截面的受弯承载力，d 点应在 b 点之外，也即 M_u 图应包住 M 图，根据弯起钢筋的弯起角度，由 d 点延伸至受拉钢筋位置 c 点即为①号钢筋的弯起点，M_u 图中的 cd 段即为①号钢筋弯起部分的抵抗弯矩 M_{u1} 图。

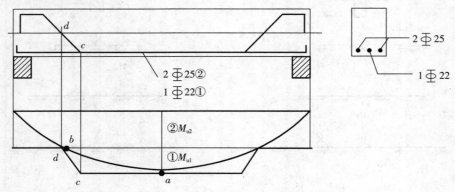

图 4.14　某简支梁的抵抗弯矩图

4.2.7　单向板肋梁楼盖的配筋要点

1. 单向板的配筋

（1）单向板的分离式配筋

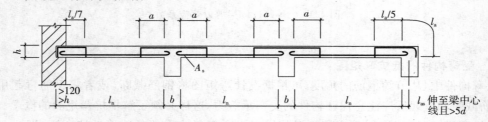

图 4.15　等跨连续单向板的分离式配筋

当 $q \leqslant 3g$ 时，$a = l_n/4$；当 $q > 3g$ 时，$a = l_n/3$。

式中，q——均布活荷载设计值；

　　　g——均布恒荷载设计值。

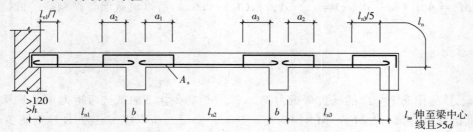

图 4.16　跨度相差不超过 20% 的连续单向板的分离式配筋

当 $q \leqslant 3g$ 时，$a_1 = l_{n1}/4$，$a_2 = l_{n2}/4$，$a_3 = l_{n3}/4$，

当 $q > 3g$ 时，$a_1 = l_{n1}/3$，$a_2 = l_{n2}/3$，$a_3 = l_{n3}/3$

式中，q——均布活荷载设计值；

　g——均布恒荷载设计值。

（2）单向板的构造钢筋

垂直于受力钢筋，沿板的长跨布置的分布筋；和主梁垂直的负筋；和承重墙垂直的钢筋；板角区域的负筋的布置参见图 4.17。

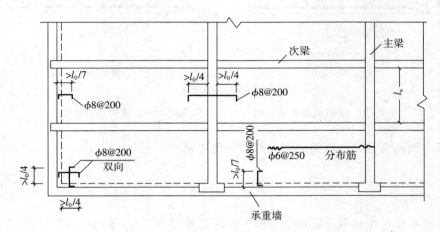

图 4.17　板的构造钢筋

2. 次梁的配筋

次梁可参照图 4.18 配筋。

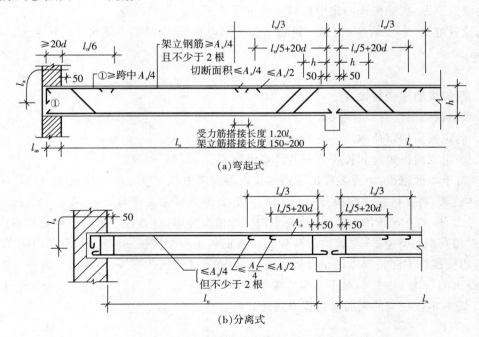

图 4.18　等跨连续次梁的钢筋布置

3. 主梁的配筋

（1）纵向受力钢筋的弯起点和截断点应根据弯矩包络图来确定。

（2）主次梁相交处，应设附加横向钢筋，参见图 4.19。

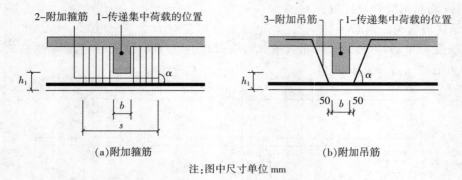

2-附加箍筋　1-传递集中荷载的位置　　　　3-附加吊筋　1-传递集中荷载的位置

(a)附加箍筋　　　　　　　　　　　　(b)附加吊筋

注：图中尺寸单位 mm

图 4.19　梁截面高度范围内有集中荷载作用时附加横向钢筋的布置

附加横向钢筋所需的总截面面积应符合下列规定：

$$A_{sv} \geq \frac{F}{f_{yv}\sin\alpha} \tag{4-2-10}$$

式中，A_{sv}——承受集中荷载所需的附加横向钢筋总截面面积；当采用附加吊筋时，A_{sv} 应为左、右弯起段截面面积之和；

　　F——作用在梁的下部或梁截面高度范围内的集中荷载设计值；

　　α——附加横向钢筋与梁轴线间的夹角。

① 设置原因：次梁传来的集中荷载可使主梁的下部产生斜裂缝。

② 设置范围：$S=2h_1+3b$（第一道箍筋离次梁边 50mm，吊筋下部水平段尺寸为次梁宽度加 100mm）。

4.2.8　双向板肋梁楼盖设计

1. 双向板肋梁楼盖设计步骤

（1）确定板面均布荷载；

（2）确定双向板短跨和长跨方向的计算跨度 l_x,l_y，计算 $n=l_x/l_y$；

（3）对于单区格板，可查表算出短跨和长跨方向跨中和支座方向单位板宽内的弯矩；对于多区格连续板，将多区格连续板分解成单区格板，计算各区格支座弯矩时，按荷载（$g+q$）满布各区格考虑，中间支座按固端考虑，边支座按实际情况考虑；计算各区格跨中弯矩时，将荷载分解为等效恒荷载（$g+q/2$）与等效活荷载 $\pm q/2$，前者中间支座按固端考虑，后者中间支座按简支考虑，边支座按实际情况考虑。分解完毕后，可查表计算板的弯矩，计算区格跨中弯矩时，应考虑混凝土泊松比 $\gamma=1/6$，对于支座弯矩不需调整。

（4）跨中单位板宽的钢筋面积按下式计算：

$$A_{sx} = \frac{m_x}{f_y\gamma_s h_{0x}} \tag{4-2-11}$$

$$A_{sy} = \frac{m_y}{f_y \gamma_s h_{0y}} \tag{4-2-12}$$

式中，m_x，m_y—— 跨中 l_x，l_y 方向单位板宽内的弯矩设计值；

　　$\gamma_s h_{0x}$，$\gamma_s h_{0y}$—— 跨中 l_x，l_y 方向的内力偶臂；

　　f_y—— 钢筋的屈服强度设计值。

（5）支座单位板宽的钢筋面积按下式计算：

$$A_{sx} = \frac{m'_x}{f_y \gamma_s h_{0x}} \tag{4-2-13}$$

$$A_{sy} = \frac{m'_y}{f_y \gamma_s h_{0y}} \tag{4-2-14}$$

式中，m'_x，m'_y—— 支座 l_x，l_y 方向单位板宽内的弯矩设计值。

2. 弹性方法计算双向板

当视双向板为各向同性，且板厚 h 远小于平面尺寸，挠度不超过 $h/6$ 时，双向板的受力分析属于弹性理论小挠度薄板的弯曲问题，进行内力分析时可查按弹性方法编制的计算系数表进行计算。

（1）单区格双向板内力计算

查附表 1 可得在不同边界条件下的单区格矩形板在均布荷载作用下的挠度和弯矩系数。

$f = $ 表中系数 $\times ql^4$

$M = $ 表中系数 $\times ql^2$

$\gamma = 0$

对于 γ 不等于 0 的情况，支座弯矩和挠度不需调整，跨中弯矩须按下式进行计算：

$$m_x^{(\gamma)} = m_x^{(0)} + \gamma m_y^{(0)}$$

$$m_y^{(\gamma)} = m_x^{(0)} + \gamma m_y^{(0)} \tag{4-2-15}$$

式中，m_x，m_y—— 分别为平行于 l_x，l_y 方向板中点单位板宽内的弯矩系数。

对于钢筋混凝土板，$\gamma = 0.2$。

（2）多区格连续双向板内力计算

精确计算连续双向板内力较为困难，在设计中一般采用以单区格板为基础的实用计算方法。

① 各区格跨中最大弯矩 M_{max} 计算

确定活荷载的最不利布置时，为了能利用单区格双向板的系数表，在计算双向板区格跨中弯矩时，该区格板及其前后左右每隔一区格布置活荷载，这种布置方式称为活载的棋盘形布置，如图 4.20 所示。

为了能将多区格双向板转化成单区格板，将计算简图上的荷载分解成正对称（图 4.20c）和反对称荷载（图 4.20d）：

对称荷载　　　　　　　　　　$g' = g + \dfrac{q}{2} \tag{4-2-16}$

反对称荷载　　　　　　　　　　$q' = \pm \dfrac{q}{2}$　　　　　　　　　　（4-2-17）

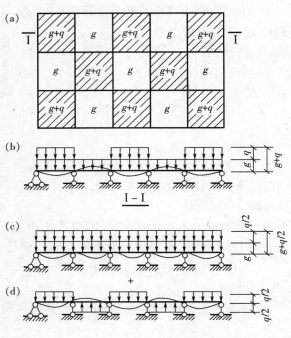

图 4.20　　多区格双向板活荷载的棋盘形布置

在对称荷载作用下,板的各中间支座转角为 0,可视为固定支座,这样,内区格板可转化为单区格的四边固定板;对于边区格板、角区格板,边支座的支承情况按实际情况采用,内支座为固定边。

在反对称荷载作用下,板的各中间支座转角方向一致,大小基本一致,可视为简支支座,这样,内区格板可转化为单区格的四边简支板,对于边区格板、角区格板,边支座的支承情况按实际情况采用,内支座为简支边。

对于以上两种情况,可查单区格双向板内力计算系数,分别求出其跨中弯矩,然后叠加。

② 支座 $-M_{max}$

求支座最大负弯矩时,可在各区格板满布活载,即按满布 $g+q$ 求得,这样,内区格板可转化为单区格的四边固定板;对于边区格板、角区格板,边支座的支承情况按实际情况采用,内支座为固定边。

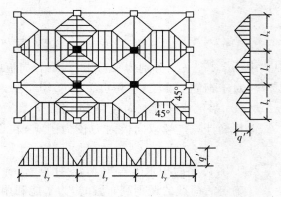

图 4.21　　双向板支承梁的受荷面积

（3）双向板支承梁的设计

① 支承梁的受荷面积

双向板承受均布荷载作用时,底面中央弯矩最大处及沿 45° 对角线方向出现裂缝。从每个区格的四角作 45° 线与平行于长边的中线相交,将区格分成四个板块,板传给短跨梁的荷载为三角形,板传给长跨梁的荷载为梯形。

② 支承梁的弯矩计算

根据支座弯矩相等的条件,可把三角形或梯形荷载换算成等效均布荷载(图 4.22),公式见下:

三角形荷载
$$q_e = \frac{5}{8}q' \qquad\qquad (4-2-18)$$

梯形荷载
$$q_e = (1 - 2\alpha^2 + \alpha^3)q',\ \alpha = \frac{a}{l} \qquad\qquad (4-2-19)$$

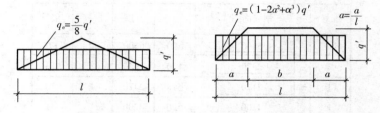

图 4.22　双向板支承梁的等效均布荷载

多跨连续梁可查《建筑结构静力计算手册》计算等效均布荷载作用下的支座弯矩,然后用结构力学的方法求出三角形或梯形荷载作用下单跨梁的跨内正弯矩,即可得到双向板支承梁的弯矩图,这里应注意等效荷载不能用来计算跨内弯矩。

(4) 双向板肋梁楼盖的配筋要点

单跨双向板的分离式配筋及多跨连双向板的分离式配筋参见图 4.23,图 4.24。

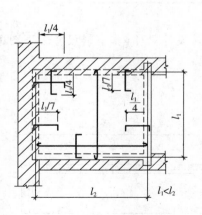

图 4.23　单跨双向板的分离式配筋

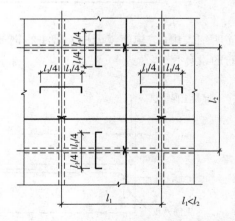

图 4.24　多跨连双向板的分离式配筋

4.2.9　关于绘制结构施工图时应注意的一些问题

1. 绘图比例

(1) 结构平面布置配筋图　1∶100　1∶200

(2) 次梁配筋图　1∶40　1∶50

（3）主梁配筋图、主梁抵抗弯矩图　　1∶30

（4）梁剖面图　　1∶20

2. 构件编号

同一板号的板可只画一块板的配筋，其余的应标出板号。钢筋应编号，尺寸、直径、形状不同应编写不同的序号，编号顺序为纵向受力筋、箍筋、构造钢筋。编号圆圈直径为 6mm。

3. 钢筋的设计尺寸、钢筋下料长度、钢筋的预算长度

（1）钢筋的设计尺寸

表 4.3　某梁的钢筋表

编号	钢筋简图	规格	长度	根数	重量
①	6000	Φ20	6000	12	178
②	300 ⌐ 2370	Φ20	2670	2	13
③	300 ⌐ 2170	Φ18	2470	4	20
④	4200	Φ20	4200	4	41
⑤	4000	Φ25	4000	4	62
⑥	90 ⌐ 2370	Φ20	2460	2	12
⑦	230 □ 630	Φ8	1900	105	79
⑧	5760	Φ12	5910	12	63
⑨	2100	Φ12	2250	6	12
⑩	230	Φ8	330	84	11
总重					490

钢筋明细表中（结构施工图中）标注的钢筋尺寸是设计尺寸，非下料尺寸。下图中的 $L1$ 即是钢筋的设计尺寸。

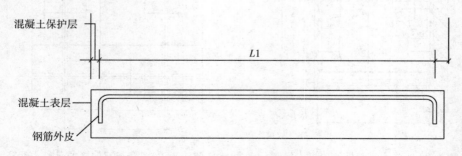

图 4.25　钢筋的设计尺寸

钢筋的设计尺寸取用原则：

① 直钢筋：设计尺寸 ＝ 构件长度 － 保护层厚度。

② 弯起钢筋：弯起钢筋的高度以钢筋外皮至外皮的距离作为控制尺寸；弯折段的斜长如图 4.26 所示。

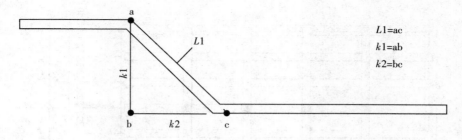

图 4.26　弯起钢筋的设计尺寸

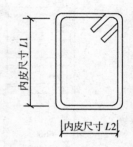

图 4.27　箍筋的设计尺寸

③ 箍筋:宽度和高度均按箍筋内皮至内皮距离计算,如图 4.27 所示。

(2)钢筋下料长度

结构施工图中所指钢筋长度是钢筋外边缘至外边缘之间的长度,即外包尺寸,这是施工中度量钢筋长度的基本依据。在配料中不能直接根据图纸中尺寸下料,要根据混凝土保护层、钢筋弯曲角度、是否加弯钩等计算出钢筋下料长度。

计算钢筋的下料长度,要考虑钢筋弯曲时外壁伸长,内壁缩短,中心线长度保持不变,一般情况下钢筋简图中注明的尺寸为外包尺寸。外包尺寸和中心线尺寸间的差值为"量度差值"。钢筋的下料长度应按钢筋简图中的外包尺寸减去钢筋弯曲时引起的量度差值再增加端头的弯钩长度。钢筋的下料长度计算公式如下:

$$钢筋下料长度 = 外包尺寸 - 量度差值 + 弯钩增加长度$$

表 4.4　钢筋的量度差值

弯曲角度 /(°)	量度差值
45	$0.5d$
60	$0.85d$
90	$2.0d$
135	$2.5d$

(3)钢筋预算长度

预算长度指的是钢筋工程量的计算长度,主要用于计算钢筋的重量,确定工程的造价。预算长度按设计尺寸计算,包括设计已规定的搭接长度,对设计未规定的搭接长度不计算。

4.3　单向板肋梁楼盖设计例题

某多层工业厂房采用现浇钢筋混凝土肋梁楼盖,楼盖结构平面布置如图 4.28 所示。

(其中括号内的尺寸用于 4.4 节双向板肋梁楼盖设计例题)

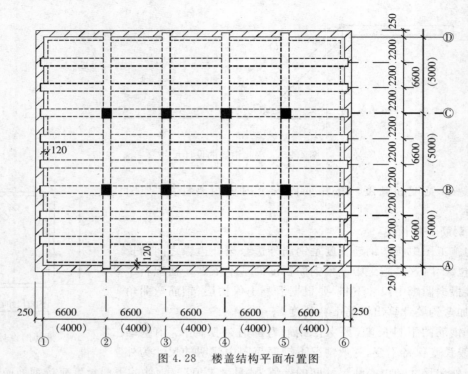

图 4.28　楼盖结构平面布置图

设计资料、设计内容、设计要求同 4.1 节钢筋混凝土肋梁楼盖课程设计任务书。

4.3.1　板的设计

板按考虑塑性内力重分布方法计算。

板的厚度按构造要求取 $h=80\mathrm{mm}>\dfrac{l}{40}\approx\dfrac{2200}{40}=55\mathrm{mm}$。板的几何尺寸及计算简图如图 4.29 所示。

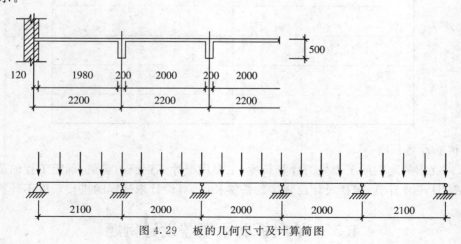

图 4.29　板的几何尺寸及计算简图

1. 荷载

① 恒载标准值：

20mm 水泥砂层　　　　　　　　　　　　　　$0.02\times20=0.4\mathrm{kN/m^2}$

80mm 钢筋混凝土板	$0.08 \times 25 = 2.0 \text{kN/m}^2$
20mm 混合砂浆顶棚灰	$0.02 \times 17 = 0.34 \text{kN/m}^2$
	$g_k = 2.74 \text{kN/m}^2$

② 活荷载标准值：　　　　　　　　　$q_k = 6.0 \text{kN/m}^2$

③ 恒载设计值：　　　　　　　　　　$g = 1.2 g_k = 1.2 \times 2.74 = 3.29 \text{kN/m}^2$

④ 活荷载设计值：　　　　　　　　　$q = 1.4 q_k = 1.4 \times 6.0 = 8.4 \text{kN/m}^2$

合计：　　　　　　　　　　　　　　$g + q = 11.69 \text{kN/m}^2$

2. 内力计算

计算跨度：

边跨：$l_0 = l_n = 2200 - 100 = 2100 \text{mm}$

中间跨：$l_0 = l_n = 2200 - 200 = 2000 \text{mm}$

跨度差 $\dfrac{2100 - 2000}{200} \times 100\% = 5\% < 10\%$，说明可以按等跨连续板计算内力。取 1m 宽板带作为计算单元，其计算简图如图 4.29 所示。

各截面的弯矩计算见表 4.5 所列。

表 4.5

连续板各截面弯矩计算					
截面	端支座	边跨跨中	第一内支座	中间跨中	中间支座
弯矩计算系数 α	$-\dfrac{1}{16}$	$\dfrac{1}{11}$	$-\dfrac{1}{11}$	$\dfrac{1}{16}$	$-\dfrac{1}{14}$
$M = \alpha(g+q) \cdot l^2 (\text{kN} \cdot \text{m})$	-3.22	4.69	-4.69	2.92	-3.34

3. 截面承载力计算

各截面的配筋计算见表 4.6 所列。

表 4.6

板的配筋计算						
板带部位截面平面图中的位置	边跨中①～⑥轴	第一内支座①～⑥轴	中间跨中		中间支座	
			①～②轴⑤～⑥轴	②～⑤轴	①～②轴⑤～⑥轴	②～⑤轴
$M(\text{kN} \cdot \text{m})$	4.69	-4.69	2.92	2.34	-3.34	-2.67
$\alpha_s = \dfrac{M}{\alpha_1 \cdot bh_0^2 f_c}$	0.093	0.093	0.058	0.047	0.066	0.053
$\xi = 1 - \sqrt{1 - 2\alpha_s}$	0.098	0.098	0.06	0.046	0.069	0.054
$A_s = \dfrac{\alpha_1 f_c bh_0 \zeta}{f_y} (\text{mm}^2)$	280.7	280.7	172	131	197.7	154.7
选配钢筋	$\phi 8 @170$	$\phi 8 @170$	$\phi 8 @200$	$\phi 6 @200$	$\phi 8 @200$	$\phi 8 @200$
实配钢筋面积	296	296	251	251	251	251

　　中间板带②～⑤轴线间,其各区格板的四周与梁整体连接,故各跨跨中和中间支座考虑板的内拱作用,其弯矩降低 20%。

　　板的配筋图如图 4.30 所示。

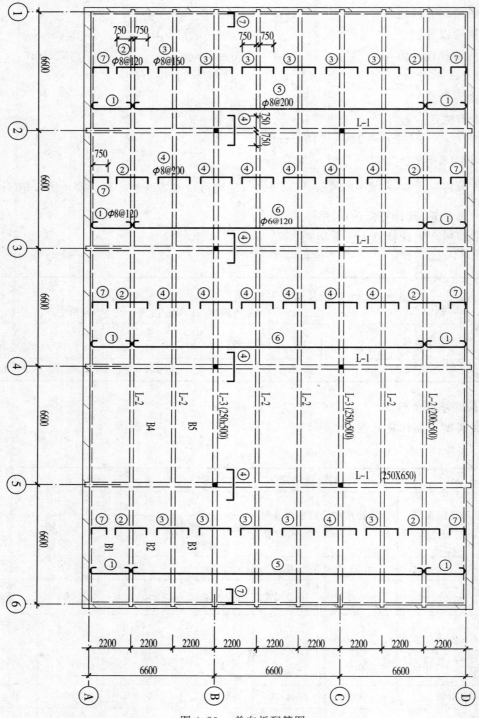

图 4.30　单向板配筋图

4.3.2　次梁的计算

次梁按考虑塑性内力重分布方法计算。次梁截面高度取 $h = 500\text{mm}$，截面宽度 $b = 200\text{mm}$，次梁的几何尺寸与支承情况如图 4.31 所示。

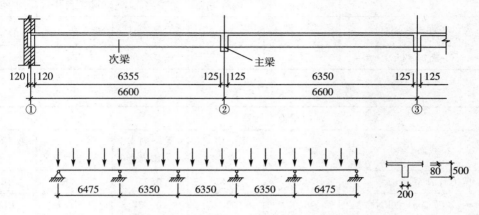

图 4.31　次梁的几何尺寸及计算简图

1. 荷载

（1）恒荷载标准值

由板传来	$2.74 \times 2.2 = 6.03\text{kN/m}$
次梁重	$25 \times 0.2 \times (0.5 - 0.08) = 2.10\text{kN/m}$
梁表面抹灰	$20 \times [(0.5 - 0.08) \times 2 + 0.20] \times 0.02 = 0.42\text{kN/m}$
	$g_k = 8.55\text{kN/m}$

（2）活荷载标准值　　　　　　$q_k = 6.0 \times 2.2 = 13.2\text{kN/m}$

（3）恒载设计值　　　　　　　$g = 1.2g_k = 1.2 \times 8.55 = 10.26\text{kN/m}$

（4）活荷载设计值　　　　　　$q = 1.4q_k = 1.4 \times 13.2 = 18.48\text{kN/m}$

合计：　　　　　　　　　　　$g + q = 28.74\text{kN/m}$

2. 内力计算

（1）计算跨度

边跨：

$$l_0 = l_n + \frac{1}{2}a = 6.6 - 0.125 - 0.12 + \frac{1}{2} + \frac{1}{2} \times 0.24$$

$$= 6.475\text{m} < 1.025l_n = 1.025 \times 6.35 = 6.509\text{m}$$

取 $l_0 = 6.475\text{m}$

中间跨：$l_0 = l_n = 6.6 - 0.125 \times 2 = 6.35\text{m}$

跨度差：$\dfrac{6.475 - 6.35}{6.35} = 1.97\% < 10\%$，可按等跨连续梁计算，计算简图如图 4.31 所示。

（2）次梁弯矩和剪力见表 4.7、表 4.8 所列。

表 4.7

次梁弯矩计算					
截面	端支座	边跨中	第一内支座	中间跨中	中间支座
弯矩计算系数 α_{mb}	$-\dfrac{1}{24}$	$\dfrac{1}{14}$	$-\dfrac{1}{11}$	$\dfrac{1}{16}$	$-\dfrac{1}{14}$
$M = \alpha_{mb}(g+q)l_0^2(\text{kN}\cdot\text{m})$	-51.21	86.07	-105.35	72.43	-82.78

表 4.8

次梁剪力计算					
截面	端支座	第一内支座左	第一内支座右	第二内支座左	第二内支座右
剪力计算系数 α_{vb}	0.5	0.55	0.55	0.55	0.55
$V = \alpha_{vb}(g+q)l_0(\text{kN})$	93.05	102.35	100.37	100.37	100.37

（3）截面承载力计算

① 次梁正截面承载力计算

次梁跨中截面按 T 形截面计算，其翼缘计算宽度取 $b'_f = l_0/3 = 6.35/3 = 2.12\text{m}$；又 $b'_f = b + s_n = 0.2 + 2 = 2.2\text{m}$，故取 $b'_f = 2.2\text{m}$。

梁高：$h = 500\text{mm}$，$h_0 = 500 - 35 = 465\text{mm}$，翼缘厚 $h'_f = 80\text{mm}$；

判别 T 形截面类型：

$b'_f \cdot h'_f \cdot f_c(h_0 - h'_f/2) = 2200 \times 80 \times 9.6 \times (465 - 80/2) = 718.08\text{kN}\cdot\text{m} > 109.54\text{kN}\cdot\text{m}$

故各跨中截面均属于第一类 T 形截面。

支座截面按矩形截面计算，支座按布置一排纵筋考虑，取 $h_0 = 500 - 35 = 465\text{mm}$，受力纵向钢筋采用 HRB400 级，箍筋采用 HPB300 级。钢筋的最小配筋率为 0.2% 和 $45f_t/f_y(\%)$ 两者中的较大值，$A_{s,min} = 0.002 \times 200 \times 465 = 186\text{mm}^2$。梁正截面承载力计算见表 4.9 所列。

表 4.9

次梁正截面承载力及配筋计算					
截面	端支座	边跨中	第一内支座	中间跨中	中间支座
$M(\text{kN}\cdot\text{m})$	-51.21	86.07	-105.35	72.43	-82.78
$\alpha_s = M/\alpha_1 f_c bh_0^2$ 或 $\alpha_s = M/\alpha_1 f_c b'_f h_0^2$	0.1	0.015	0.205	0.013	0.16
$\xi = 1 - \sqrt{1 - 2\alpha_s}$	0.11	0.015	0.232	0.013	0.18
$A_s = \alpha_1 f_c bh_0\xi/f_y$ 或 $A_s = \alpha_1 f_c b'_f h_0\xi/f_y$	338	507	713	439	553
选配钢筋	2⚍16	2⚍16＋1⚍18	3⚍18	2⚍18	2⚍16＋1⚍18
实际钢筋面积	402	657	763	509	657

② 次梁斜截面承载力计算

验算最小截面尺寸：$0.25f_c bh_0 = 0.25 \times 11.9 \times 200 \times 465 \times 10^{-3} = 276.67$kN > 102.35kN

箍筋配筋计算：$V \leqslant 0.7f_t bh_0 + 1.25f_{yv} h_0 A_{sv}/s$

$102.35 \times 10^3 \leqslant 0.7 \times 1.27 \times 200 \times 465 + 1.25 \times 270 \times 465 A_{sv}/s \Rightarrow A_{sv}/s \geqslant 0.125$。另外，当 $V > 0.7f_t bh_0$ 时，梁的最小配筋率为：

$$\rho_{sv,min} = 0.24f_t/f_{yv} = 0.24 \times 1.27/270 = 0.00113$$

$A_{sv}/s_{min} = \rho_{sv,min} \times b = 0.00113 \times 200 = 0.226$，所以取 $A_{sv}/s \geqslant 0.226$。

设箍筋直径为 $\phi6$，间距最大值 $s = 28.3 \times 2/0.226 = 250$mm，实配箍筋 $\phi6@200$。次梁 L1 配筋如图 4.32 所示。

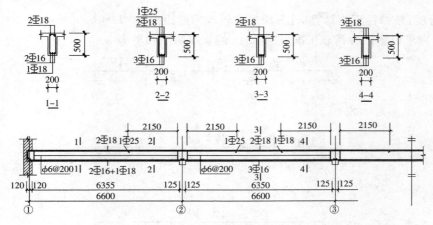

图 4.32　次梁配筋图

4.3.3　主梁的计算

主梁按弹性理论计算。主梁的梁高 $h = 650$mm，取梁宽 $b = 250$mm，设柱截面尺寸为 400mm$\times 400$mm。主梁的有关尺寸及支承情况如图 4.33 所示。

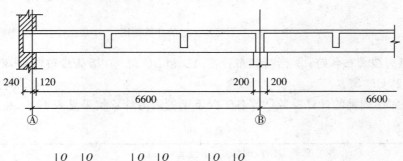

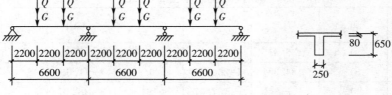

图 4.33　主梁的几何尺寸及计算简图

1. 荷载

(1) 恒载设计值

由次梁传来:$10.26 \times 6.6 = 67.72$kN

主梁自重:$(0.65 - 0.08) \times 0.25 \times 25 \times 1.2 \times 6.6/2 = 14.12$kN

梁侧抹灰:$[0.25 + 2 \times (0.65 - 0.08)] \times 20 \times 0.02 \times 1.2 \times 6.6/2 = 2.21$kN

恒荷载:$G = 67.72 + 14.12 + 2.21 = 84.05$kN

(2) 活荷载设计值

由次梁传来:$Q = 8.4 \times 2.2 \times 6.6 = 121.97$kN

$G + Q = 84.05 + 121.97 = 206.02$kN

2. 内力计算

计算跨度:按弹性理论计算,计算跨度取轴线间的距离,即 $l_0 = 6600$mm。

(1) 分别求以下四种荷载工况(图 4.34)的支座弯矩和剪力

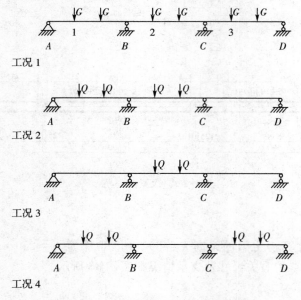

图 4.34　主梁各工况的计算简图

　　① 集中恒荷载满布各跨;② 活荷载布置在 AB 和 BC 跨;③ 活荷载布置在 BC 跨;④ 活荷载布置在 AB 和 CD 跨。

　　根据等截面连续梁的计算系数计算各工况下梁的内力计算结果见表 4.10、见 4.11 所列。

表 4.10

各工况下主梁截面弯矩(单位 kN·m)							
截面 工况	A	1	B	2	C	3	D
①	0	135.35	−148.11	37.17	−148.11	135.35	0
②	0	184.34	−250.36	136.85	−71.65	—	0
③	0	—	−107.07	161	−107.07	—	0
④	0	232.65	−107.07	—	−107.07	232.65	0

表 4.11

工况 \ 截面	A	B左	B右	C左	C右	D
各工况下主梁截面剪力（单位 kN）						
①	61.61	−106.49	84.05	−84.05	106.49	−61.61
②	84.03	−159.9	149.05	−94.89	10.86	10.86
③	−138.19	−138.19	121.97	−121.97	138.19	138.19
④	105.63	−138.31	0	0	138.31	−105.63

（2）内力组合

活荷载不利位置计算过程见表 4.12、表 4.13 所列。

表 4.12

活荷载不利位置计算 kN·m							
荷载	工况组合	A/D	1	B	2	C	3
B 支座 M 最大	①＋②	0	319.69	−398.47	174.02	−219.76	135.35
AB 跨中 M 最大	①＋④	0	368	−255.98	37.17	−255.98	368
BC 跨中 M 最大	①＋③	0	135.35	−255.18	198.17	−255.18	135.35

表 4.13

活荷载不利位置计算 kN						
荷载	工况组合	A	B左	B右	C左	C右	D
A 支座 V 最大	①＋④	167.24	−244.8	84.05	−84.05	244.8	−167.24
B 支座 V 最大	①＋②	145.64	−266.39	233.1	−178.94	117.35	−50.75

（3）梁正、斜截面承载力计算及配筋

主梁内力包络图见图 4.35。主梁跨中截面按 T 形截面计算，取 $b_f' = 2.2 \text{m}$，经判断属第一类 T 形截面。

支座截面按矩形截面计算，支座和边跨按布置两排纵筋考虑，取 $h_0 = 650 - 70 = 580 \text{mm}$，受力纵向钢筋采用 HRB335 级，箍筋采用 HPB235 级。钢筋的最小配筋率为 0.2% 和 $45 f_t / f_y (\%)$ 两者中的较大值，$A_{s,\min} = 0.002 \times 250 \times 615 = 307.5 \text{mm}^2$。

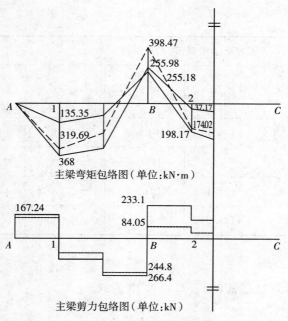

主梁弯矩包络图（单位:kN·m）

主梁剪力包络图（单位:kN）

图 4.35　主梁的内力包络图

梁正截面承载力计算见表 4.14 所列。

表 4.14

截面	B	AB	BC
$M(\text{kN} \cdot \text{m})$	-398.47	368	198.17
$\alpha_s = M/\alpha_1 f_c b h_0^2$ 或 $\alpha_s = M/\alpha_1 f_c b'_f h_0^2$	0.398	0.026	0.014
$\xi = 1 - \sqrt{1 - 2\alpha_s}$	0.548	0.026	0.014
$A_s = b \xi h_0 \alpha_1 f_c / f_y$ 或 $A_s = b'_f \xi h_0 \alpha_1 f_c / f_y$	2627	473	255
选配钢筋	2Φ22+2Φ18+4Φ22	2Φ22+1Φ18+1Φ22	2Φ20+2Φ18+1Φ20
实际钢筋面积	2790	1394	509

② 梁斜截面承载力计算

取支座剪力最大值 $V = 266.39\text{kN}$

验算最小截面尺寸:$0.25 f_c b h_0 = 0.25 \times 11.9 \times 250 \times 580 \div 10^3 = 431\text{kN} > 266.39\text{kN}$

箍筋配筋计算:$V \leqslant [1.75/(\lambda + 1)] f_t b h_0 + f_{yv} h_0 A_{sv}/s$

$266.39 \times 10^3 \leqslant [1.75/(2.2/0.65 + 1)] \times 1.27 \times 250 \times 580 + 270 \times 580 A_{sv}/s$

得 $A_{sv}/s \geqslant 1.23$。

设箍筋直径为 $\phi 10$，间距最大值 $s = 78.5 \times 2/1.23 = 128\,\mathrm{mm}$，实配箍筋 $\phi 10@100$。

（4）集中荷载两侧附加箍筋计算

考虑只设附加箍筋，不设置吊筋。集中力设计值 $F = 206.02 - 14.02 - 2.21 = 189.65\,\mathrm{kN}$

$A_{sv} = F/f_{yv} = 189.65 \times 10^3/270 = 702\,\mathrm{mm}^2$

于集中力作用两侧分别布置三根 $\phi 10$ 双肢箍筋，$A_{sv} = 78.5 \times 2 \times 6 = 942\,\mathrm{mm}^2 > 702\,\mathrm{mm}^2$，满足要求。

主梁材料图及配筋图如图 4.36 所示。

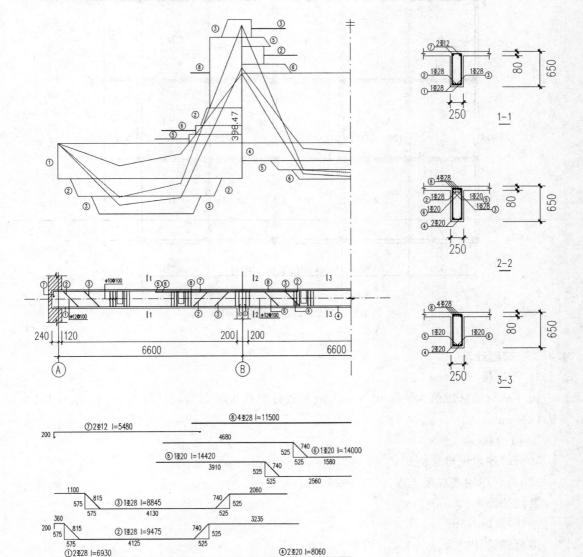

图 4.36　主梁材料图及配筋图

4.4　双向板肋梁楼盖设计例题

4.4.1　结构平面布置

初步选定板厚为120mm；梁截面均为250mm×500mm，共有 A,B,C,D 四种区格。如图4.37 所示。

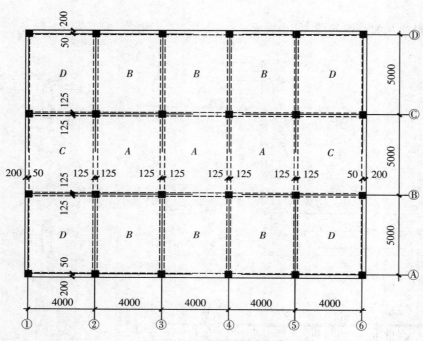

图 4.37　双向板结构平面图

4.4.2　荷载计算

1. 活荷载

由于活荷载标准值大于 4.0kN/m^2，故荷载分项系数取1.3，设计值为 $q=1.3q_k=1.3\times7=9.1\text{kN/m}^2$。

2. 恒荷载

30mm 厚水泥砂浆面层：$0.03\times20=0.6\text{kN/m}^2$

120mm 厚钢筋混凝土板：$0.12\times25=3.0\text{kN/m}^2$

乳胶漆饰面：0.3kN/m^2

小计：3.9kN/m^2

恒荷载设计值为：$g=1.2\times3.9=4.68\text{kN/m}^2$

3. 合计

$g+q=13.78\text{kN/m}^2$　$q/2=9.1/2=4.55\text{kN/m}^2$

$g+q/2=9.23\text{kN/m}^2$

4.4.3　计算跨度

内跨：$l_0 = l_c$，l_c 为轴线间距离。

边跨：$l_0 = l_n + b/2 + t/2$。l_n 为净跨，b 为梁宽，t 为板厚。

4.4.4　板的弯矩计算

边支座按简支考虑。计算各区格支座弯矩时，按荷载（$g + q$）满布各区格考虑，中间支座按固支考虑；计算各区格跨中弯矩时，将荷载界为等效恒荷（$g + q/2$）与等效活荷 $q/2$，前者中间支座按固支考虑，后者中间支座按简支考虑。计算区格跨中弯矩时，考虑混凝土泊松比为 $\gamma = 0.2$。

A 区格板：$l_{01}/l_{02} = 4/5 = 0.8$。查表计算过程如下（表 4.15）：

$M_1 = (0.0271 + 0.2 \times 0.0144) \times 9.23 \times 4^2 + (0.0561 + 0.2 \times 0.0334) \times 4.55 \times 4^2 = 9.00 \text{kN} \cdot \text{m/m}$

$M_2 = (0.0144 + 0.2 \times 0.0271) \times 9.23 \times 4^2 + (0.0334 + 0.2 \times 0.0561) \times 4.55 \times 4^2 = 6.18 \text{kN} \cdot \text{m/m}$

$M'_1 = -0.0664 \times 13.78 \times 4^2 = -14.64 \text{kN} \cdot \text{m/m}$

$M'_2 = -0.0559 \times 13.78 \times 4^2 = -12.32 \text{kN} \cdot \text{m/m}$

表 4.15

弯矩计算					
区格	A	B		C	D
l_{01}	4.0	4.0		$4.0 - 0.12 + 0.12/2 = 3.94$	3.94
l_{02}	5.0	$5.0 - 0.12 + 0.12/2 = 4.94$		5.0	4.94
l_{01}/l_{02}	0.8	0.81		0.788	0.798
跨中弯矩	M_1	9.00	9.51	8.61	10.22
	M_2	6.18	6.36	8.36	7.35
支座弯矩	M'_1	−14.64	−15.79	−15.22	−18.89
	M'_2	−12.32	−12.55	−16.79	−16.00

4.4.5　截面设计

计算配筋时，考虑拱作用，A 区格的弯矩应乘以折减系数 0.8。配筋计算按公式 $A_s = M/(\gamma_s f_y h_0)$，内力臂系数近似去 $\gamma_s = 0.95$，$f_y = 210 \text{N/mm}^2$。板的最小配筋率取 0.2% 和 $45 f_t/f_y \text{‰}$ 两者中的较大值，因此

$A_{s,\text{min}} = 45 \times 1.1/210 \times 0.01 \times 1000 \times 120 = 283 \text{mm}^2$

楼板配筋计算过程见表 4.16 所列，配筋图如图 4.38 所示。

表 4.16

截面		h_0(mm)		M(kN·m)	计算钢筋面积(mm²)	实配钢筋	实配钢筋面积(mm²)
板的配筋计算							表 2
跨中弯矩配筋	A 区格	l_{01} 方向	100	$9.00 \times 0.8 = 7.2$	265	$\phi 8@160$	314
		l_{02} 方向	90	$6.18 \times 0.8 = 4.94$	198	$\phi 8@200$	251
	B 区格	l_{01} 方向	100	$9.51 \times 0.8 = 7.61$	309	$\phi 8@160$	314
		l_{02} 方向	90	$6.36 \times 0.8 = 5.09$	238	$\phi 8@180$	279
	C 区格	l_{01}	100	$8.61 \times 0.8 = 6.89$	254	$\phi 8@180$	279
		l_{02} 方向	90	$8.36 \times 0.8 = 6.69$	290	$\phi 8@160$	314
	D 区格	l_{01} 方向	100	$10.22 \times 0.8 = 8.18$	323	$\phi 8@150$	335
		l_{02} 方向	90	$7.35 \times 0.8 = 5.88$	250	$\phi 8@180$	279
支座弯矩配筋	A—A	l_{01} 方向	100	$-14.64 \times 0.8 = -11.71$	485	$\phi 8@100$	503
	A—B	l_{02} 方向	100	-12.55	496	$\phi 8@100$	503
	A—C	l_{01} 方向	100	-15.22	617	$\phi 10@120$	654
	B—B	l_{01} 方向	100	-15.79	643	$\phi 10@120$	654
	B—D	l_{01} 方向	100	-18.89	771	$\phi 12@140$	808
	C—D	l_{02} 方向	100	-16.79	674	$\phi 12@160$	707

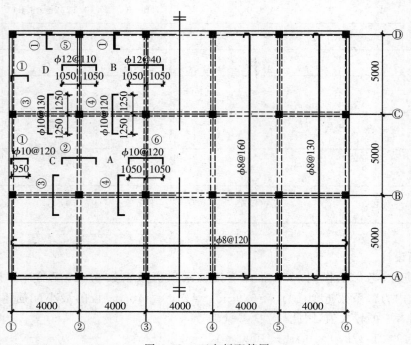

图 4.38 双向板配筋图

第 5 章　钢筋混凝土排架结构体系课程设计

　　钢筋混凝土排架体系的结构设计属于工业建筑设计的范畴,钢筋混凝土排架结构的应用范围十分广泛,当前由于房地产市场的兴旺,加上钢筋混凝土结构的抗腐蚀性能优于钢结构,在水泥厂、玻璃厂等工业厂房的设计中,选用钢筋混凝土排架结构体系较多。另外,在一些老厂的改建项目中,仍然会较多用到钢筋混凝土排架结构的设计。

　　钢筋混凝土排架由屋面梁,屋架,排架柱和基础等构件组成。其计算简图的特点是柱和基础刚接,柱和屋面梁,屋架铰接。

　　本章的结构设计所需进行的主要工作有:(1)根据厂房所处的环境、空间需求、工程预算选择合适的材料和结构方案。(2)分析和确定结构在建造和使用阶段可能承受的各种作用。(3)确定结构的计算简图,进行各种荷载下作用下的内力计算。(4)进行结构构件的设计计算。(5)将最终的设计结果以施工图的形式提交。

5.1　单层厂房排架结构体系课程设计任务书

5.1.1　设计资料

　　1. 合肥市某机械厂金工车间为两跨 24m 厂房,厂房总长 120m,中间设伸缩缝一道,柱距 6m,厂房剖面如图 5.1 所示。厂房每跨内各有两台 200/50kN 中级工作制软钩桥式吊车,吊车参数见表 5.1 所列。

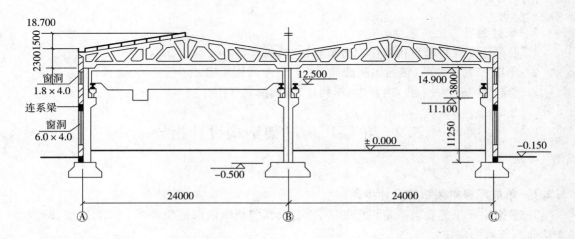

图 5.1　厂房剖面图

表 5.1　吊车数据(大连起重机厂)

起重量 (kN)	桥跨 L_k(m)	最大轮压 P_{max}(kN)	小车重 g(kN)	大车轮距 K(m)	大车宽 B(m)	吊车总重 (kN)
200/50	22.5	202	77.2	4.4	5.6	324

2. 地基为均匀亚粘土,地基承载力特征值 $f_a = 210$kPa,基础埋置范围内无地下水。

3. 厂房构造作法:

屋面:SBS 改性沥青防水卷材;

　　　20mm 厚水泥砂浆找平层;

　　　100mm 厚水泥珍珠岩制品保温层;

　　　20mm 厚水泥砂浆找平层;

　　　预应力混凝土大型屋面板;

　　墙体:240mm 厚砖墙,侧面为塑钢窗;

　　地面:室内混凝土地面。

4. 混凝土强度等级为 C25。柱中受力主筋为 HRB400 钢筋,箍筋及基础底板钢筋为 HPB300 钢筋。

5. 厂房标准构件选用

(1)屋面板采用 G410(一)图集中的预应力混凝土大型屋面板。板自重标准值 1.3kN/m^2,灌缝重标准值 0.1 kN/m^2,天沟板每块自重标准值 11kN。

(2)屋架采用 G415(三)图集中的预应力混凝土折线形屋架,屋架自重标准值 106kN。

(3)吊车梁选用 G425 图集中的预应力混凝土吊车梁,梁高 1200mm,自重标准值 44.2kN,轨道及附件自重标准值为 0.8kN/m。

(4)基础梁选用 CG420 图集中的预应力混凝土基础梁,梁高 450mm,自重标准值为每根 12.2kN。

5.1.2　设计内容

1. 根据已知资料进行排架内力分析;

2. 计算 A 列柱配筋(包括牛腿配筋)及设计 A 列柱基础;

3. 绘制 2# 施工图一张,内容为:A 列柱、基础配筋详图。

5.2　单层厂房排架结构设计指导

5.2.1　单层厂房排架结构设计步骤

1. 根据生产工艺要求确定厂房的平、立、剖面,包括纵横向定位轴线、柱网、跨度、跨数、吊车梁轨顶标高的确定。

2. 确定结构设计的原始资料,包括地质条件、地基容许承载力特征值、基本风压、雪压、积灰荷载。

3. 进行结构构件的选型。包括屋面板、天窗架、屋架、基础梁、吊车梁及轨道连接件、柱截面类型及尺寸、柱高、基础类型、埋置深度的确定。

4. 计算排架所承受的各项荷载。

以图 5.2 所示排架为例,其上可能出现的荷载如下:

(1)恒载;

(2)屋面活载;

(3)吊车竖向荷载 D_{max} 在左柱,D_{min} 作用在右柱;

(4)吊车竖向荷载 D_{max} 在右柱,D_{min} 作用在左柱;

(5)吊车横向水平荷载 T_{max} 作用在左右柱,方向从左向右;

(6)吊车横向水平荷载作用 T_{max} 在左右柱,方向从右向左;

(7)左向风荷载;

(8)右向风荷载。

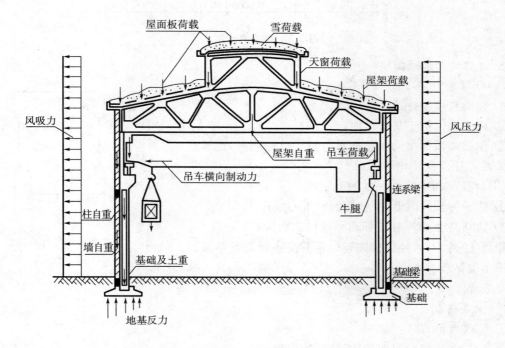

图 5.2　单跨排架结构上的荷载

5. 排架柱的内力分析、内力组合及配筋计算

包括柱参数的计算;计算柱剪力分配系数、计算柱顶反力、剪力分配;计算各柱的 M、V、N;柱内力组合;柱配筋计算(正截面、斜截面承载力计算,吊装验算、裂缝宽度验算);牛腿计算。

6. 基础计算:墙体荷载计算,柱底内力组合,计算基础底面的内力,确定基础底面积及基础各部分尺寸;验算基础高度;基础底面配筋计算。

7. 绘制施工图:平面施工图,包括基础和基础梁,柱和吊车梁、屋架和支撑、屋面板和天沟板布置图。构件图,包括柱、基础详图等。

5.2.2 排架计算

1. 计算单元的选取

计算装配式单层厂房时，可按平面排架计算，一榀排架的负荷范围可从相邻柱距的中心线截出一个有代表性的单元作为计算单元，如图 5.3 所示。

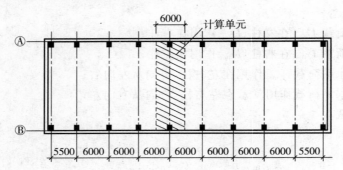

图 5.3 排架的计算单元

2. 计算简图的绘制

（1）计算假定

① 横梁铰接于柱顶；

② 柱下端固结于基础顶面；

③ 屋架或屋面梁为轴向变形忽略不计的刚杆，也就是说横梁两端柱顶位移相等。

（2）计算简图中杆件尺寸的确定

① 柱子的轴线取上、下柱截面的形心线；

② 柱总高度 H＝柱顶标高－基础顶面标高；

③ 上柱高 H_u＝柱顶标高－轨顶标高＋轨道及垫层高度＋吊车梁高度。

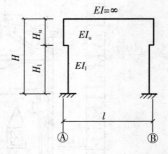

图 5.4 单跨排架的计算简图

3. 荷载计算

（1）永久荷载

① 屋盖自重 G_1

屋盖自重 G_1 包括屋面的构造层、屋面板、天沟板、天窗架、屋架、屋盖支撑以及与屋架连接的设备管道等的重量。G_1 通过屋架的支点作用于柱顶，屋盖自重的作用点位置视不同情况而定，一般情况下 G_1 位于厂房定位轴线内侧 150mm。

G_1 对上柱截面中心偏心距为 e_1，对下柱截面中心又增加另一偏心距 e_2（e_2 为上下柱中心线间距），屋盖恒载作用下的计算简图如图 5.5 所示。

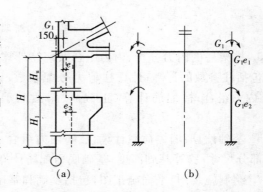

图 5.5 屋盖恒载作用下的计算简图

② 上柱自重 G_2，下柱自重 G_3，吊车梁及轨道等联结自重 G_4

G_2 沿上柱中心线作用。G_3 沿下柱中心线作用。G_4 沿吊车梁轨道中心线作用于牛腿顶面，一般情况下，吊车轨道中心线至定位轴线间的距离为 750mm。G_2、G_3、G_4 作用下的计算简图如图 5.6 所示。

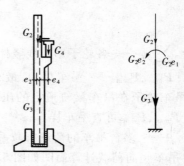

图 5.6　G_2、G_3、G_4 作用下的计算简图

这些重量是在预制柱吊装就位后屋架尚未安装时就施加于柱子上的，这时厂房柱因这部分重力荷载而承受的内力应按竖向悬臂构件进行计算。

（2）可变荷载

① 屋面活荷载 Q_1

屋面活荷载包括屋面均布活荷载、雪荷载和积灰荷载三种。屋面均布活荷载不和雪荷载同时考虑，计算时取两者中的较大者。积灰荷载应与雪荷载或屋面均布活荷载两者中的较大值同时考虑。

按《建筑结构荷载规范》，不上人的钢筋混凝土屋面，水平面上的均布活荷载标准值可取为 0.5kN/m^2。若基本雪压值取 $S_0=0.6\text{kN/m}^2$，积灰荷载为 1.00kN/m^2，则屋面活荷载可取为 1.6kN/m^2。屋面活荷载确定后，可按计算单元的负荷面积计算 Q_1，Q_1 作用点位置同 G_1。

② 吊车竖向荷载 $D_{\max}$，$D_{\min}$

工业厂房中采用桥式吊车较多。吊车的竖向荷载指吊车自重与起吊重物经由吊车梁传给柱子的竖向压力。

根据图 5.7，一台吊车的一个轮子正好位于排架柱上，此时吊车竖向荷载达到最大值，由于吊车荷载是移动荷载，吊车荷载的数值需运用结构力学影响线原理求得，吊车竖向荷载 $D_{\max}$，$D_{\min}$ 最大值和最小值参见下式：

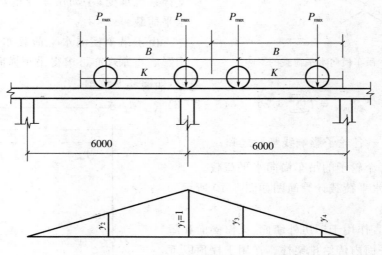

图 5.7　吊车梁支座反力影响线

$$D_{\max}=\beta P_{\max}\sum y_i$$

$$(5-2-1)$$

$$D_{\min} = \beta P_{\min} \sum y_i \qquad\qquad (5-2-2)$$

式中，$\sum y_i$——各轮子影响线竖标之和；

$P_{\max}$、$P_{\min}$——吊车最大、最小轮压，吊车最大轮压是小车行驶到大车一端的极限位置时，吊车轮子在吊车梁轨道上的压力达到的最大值，吊车最小轮压为此时另一边轨道上的压力。$P_{\max}$、$P_{\min}$ 可查吊车样本；

β——多台吊车的荷载折减系数。

吊车竖向荷载计算简图如图 5.8 所示。

③ 吊车横向水平荷载

小车满载运行时突然刹车，会产生惯性力，通过小车制动轮和轨道间的摩擦力传给大车，再通过大车轮由吊车轨道传给吊车梁。

吊车横向水平荷载标准值，应取横行小车重量与额定起重量之和的下列百分数，并乘以重力加速度。

软钩吊车：

当额定起重量不大于 10t 时，取 12%；

当额定起重量为 16～50t 时，取 10%；

当额定起重量不小于 75t 时，取 8%。

硬钩吊车：应取 20%。

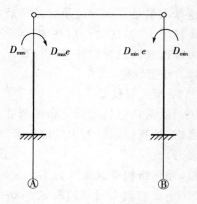

图 5.8　吊车竖向荷载计算简图
（其中 e 为吊车梁中心线和下柱中心线的距离）

横向水平荷载应等分于桥架的两端，分别由轨道上的车轮平均传至轨顶，其方向与轨道垂直，并考虑正反两个方向的刹车情况。

悬挂吊车的水平荷载可不计算，而由有关支撑系统承受；手动吊车及电动葫芦可不考虑水平荷载。

由于吊车横向水平荷载亦是移动荷载，利用影响线原理亦可求得吊车横向水平荷载最大值，如图 5.9 所示。

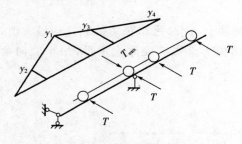

图 5.9　吊车横向水平荷载的影响线

$$T_{\max} = T \sum y_i \qquad\qquad (5-2-3)$$

式中，$\sum y_i$——各轮子影响线竖标之和；

T——每个轮子的吊车横向水平荷载。

吊车横向水平荷载计算简图如图 5.10 所示。

④ 风荷载

风荷载垂直作用于厂房外墙面、天窗侧面和屋面，并在排架平面内传给排架柱。作用于柱顶以下的风荷载可视为水平均布荷载；作用于柱顶以上的风荷载以水平集中力的形式作用在柱顶。如图 5.11 所示。

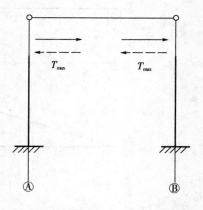

图 5.10　吊车横向水平荷载计算简图

垂直于单层厂房表面的风荷载标准值 $W_k(kN/m^2)$ 可由下式确定

$$W_k = \mu_s \mu_z w_0 \qquad (5-2-4)$$

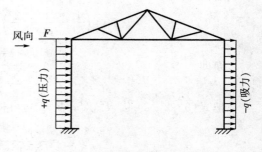

图 5.11 风荷载计算简图

式中，μ_s——风载体型系数，正值为压力，负值为吸力，可查《荷载规范》；

μ_z——风压高度变化系数，可查《荷载规范》；

w_0——基本风压，按现行《荷载规范》的规定值乘以 1.05 采用。

⑤ 墙体荷载

当墙体砌筑在基础梁上时，仅有圈梁与柱连接，它们对柱无竖向作用力，但可传递施加于墙面上的风荷载至排架结构。如果墙体搁置在墙梁上时（墙梁搭在柱牛腿上），则柱受到由墙体重力荷载产生的偏心荷载（偏心矩为墙体中心线至柱中心线的间距）。

4. 排架内力分析

（1）阶形柱的内力计算

排架柱可简化成阶形柱，单阶变截面柱在各种荷载作用下的柱顶反力和位移系数可查阅有关手册（见附表 3），查得系数后，即可根据结构力学方法求得阶形柱的内力和位移。

（2）用剪力分配法计算等高排架内力

① 柱顶作用集中力时

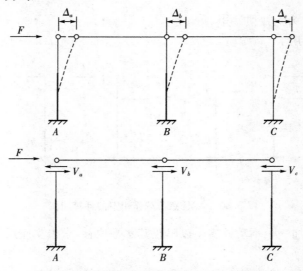

图 5.12 柱顶作用集中力时的计算简图

平衡方程： $\qquad F = V_a + V_b + V_c \qquad (5-2-5)$

变形协调方程： $\qquad \Delta = \Delta_a = \Delta_b = \Delta_c \qquad (5-2-6)$

$$V_i = \frac{1}{\delta_i}\Delta_i \quad (i=a,b,c) \qquad (5-2-7)$$

把式（5-2-7），式（5-2-6）代入式（5-2-5）

$$F=\left(\frac{1}{\delta_a}+\frac{1}{\delta_b}+\frac{1}{\delta_c}\right)\Delta=\sum\frac{1}{\delta_i}\Delta, \quad (i=a,b,c),$$

亦即
$$\Delta=\frac{F}{\sum 1/\delta_i} \quad (i=a,b,c) \tag{5-2-8}$$

把式(5-2-8)代入式(5-2-7),可得

$$V_i=\frac{1/\delta_i}{\sum 1/\delta_i}F=\eta_i F \quad (i=a,b,c) \tag{5-2-9}$$

式中,δ_i 为柱的柔度,亦即当单位水平力作用在柱顶时,柱顶的水平位移。

对于一阶变阶柱,可由下式求得:

$$\delta_i=\frac{H^3}{EI_1 C_0} \tag{5-2-10}$$

式中,H 为柱总高,I_1 为下柱的惯性矩,系数 C_0 可由下式求得

$$C_0=\frac{3}{1+\lambda^3\left(\frac{1}{n}-1\right)} \tag{5-2-11}$$

$$\lambda=\frac{H_u}{H}, \quad n=\frac{I_u}{I_1} \tag{5-2-12}$$

其中 H_u 为上柱高,I_u 为上柱惯性矩。

② 在任意荷载作用下

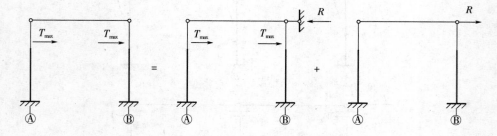

图 5.13　在任意荷载作用下的计算简图

a. 在排架柱顶附加一个不动铰支座以阻止其水平位移,求出支座反力 R,同时可求出相应排架柱的内力图。

b. 撤掉不动铰支座,将其支座反力 R 反向加在排架柱顶,这样可以恢复到原来的结构体系情况,据此可求出排架结构在 R 作用下的内力图。

c. 叠加以上两步求得的内力图,就能得到排架结构的实际内力图。

5. 内力组合

通过排架的内力分析,可分别求出排架柱在恒荷载及各种活荷载作用下产生的内力,柱及柱基础在恒荷载及哪几种活荷载(不一定是全部的活荷载)的作用下会产生最危险的内力是排架内力组合问题。

进行内力组合时需要解决这样的问题:第一是哪些截面上的内力最不利,这是控制截面的

确定问题,第二是哪几种活载同时作用可能引起最不利内力,这是荷载组合的问题。

（1）控制截面

上柱柱底截面 Ⅰ—Ⅰ 的内力最大,故可取为上柱的控制截面。对于下柱,牛腿顶面 Ⅱ—Ⅱ 截面在吊车竖向荷载作用下弯矩最大,柱底 Ⅲ—Ⅲ 截面在吊车横向水平荷载和风荷载作用下弯矩最大,因此取 Ⅱ—Ⅱ 截面和 Ⅲ—Ⅲ 截面作为下柱的控制截面。如图 5.14 所示。

（2）荷载组合

活载可能同时出现,有时可能达到最大值,但其组合的内力却不一定最大（可能相互抵消）,在偏心受压构件的某一控制截面上会产生多组内力,产生的原因在于作用在结构上的活载有多种,我们需要研究哪些荷载同时作用时会引起控制截面上的最不利内力,这是荷载组合的问题。一般情况下,非抗震设计的排架结构体系,按承载能力极限状态进行内力分析时,由可变荷载效应控制的组合有以下几种:

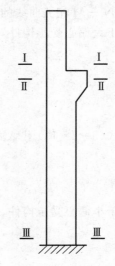

图 5.14　排架柱的控制截面

① 永久荷载＋屋面活荷载

② 永久荷载＋吊车荷载

③ 永久荷载＋风荷载

④ 永久荷载＋0.9（风荷载＋吊车荷载＋屋面活荷载）

⑤ 永久荷载＋0.9（风荷载＋吊车荷载）

⑥ 永久荷载＋0.9（风荷载＋屋面活荷载）

⑦ 永久荷载＋0.9（吊车荷载＋屋面活荷载）

（3）内力组合

所谓内力组合是荷载组合中每一项荷载产生的内力的叠加,我们作内力组合的目的是确定控制截面上可能控制配筋量的内力 M、N、V 之间的搭配。根据 $N—M$ 相关曲线,N 基本不变时,无论大小偏心,M 越大,$A_s = A'_s$ 越大;M 基本不变时,对于小偏心受压的情况,N 越大,$A_s = A'_s$ 越大,对于大偏心受压的情况,N 越大,$A_s = A'_s$ 越小。依据以上原则,设计时取用以下组合即可。

① $+M_{max}$ 及相应的 N,V

② $-M_{max}$ 及相应的 N,V

③ N_{max} 及相应的 N,V

④ N_{min} 及相应的 N,V

（4）内力组合注意事项

① 任何组合都应考虑恒载;

② D_{max}、D_{min} 可分别作用在左柱或右柱,每次取其中一种情况参与组合;单跨最多考虑 2 台,多跨最多考虑 4 台;

③ 有 T_{max} 必有 D_{max},有 D_{max} 未必有 T_{max};

④ T 有左右向,单多跨最多均考虑 2 台;

⑤ 风载有左右向。

（5）$N-M$ 相关曲线的特点及运用

① $N-M$ 相关曲线的绘制

对于大偏心受压构件，可列出：

$$N \leqslant \alpha_1 f_c bx \tag{5-2-13}$$

$$Ne \leqslant \alpha_1 f_c bx \left(h_0 - \frac{x}{2}\right) + f'_y A'_s (h_0 - a'_s) \tag{5-2-14}$$

把式（5-2-13）代入式（5-2-14），并取 $N = N_u, M = M_u$

得

$$M_u = \frac{N_u}{2}\left(h - \frac{N_u}{\alpha_1 f_c b} + f'_y A'_s (h_0 - a'_s)\right) \tag{5-2-15}$$

对于小偏心受压构件，可列出：

$$N \leqslant \alpha_1 f_c bx + \left(1 - \frac{\xi - \beta_1}{\xi_b - \beta_1} f_y A_s\right) \tag{5-2-16}$$

$$Ne \leqslant \alpha_1 f_c bx \left(h_0 - \frac{x}{2}\right) + f'_y A'_s (h_0 - a'_s) \tag{5-2-17}$$

把式（5-2-16）代入式（5-2-17）得：

$$M_u = -N_u\left(\frac{h}{2} - a_s\right) + \xi(1 + 0.5\xi)\alpha_1 f_c bh_0^2 + f'_y A'_s (h_0 - a'_s) \tag{5-2-18}$$

这样可画出 $N-M$ 相关曲线如图 5.15 所示。

② $N-M$ 相关曲线的特点

从图 5.15 可以看出，ab 区域为小偏心区域，bc
区域为大偏心区域，b 点为界限破坏点。

abc 曲线表示的是极限承载力的情况，若构件上
的 N、M 位于曲线之内，则表示构件是安全的，若构件
上的 N、M 位于曲线之外，则表示构件是不安全的。

③ 相关曲线的运用

对于某一控制截面，一定存在一组内力，这组内
力对截面的配筋起控制作用，如果我们一组组的计
算，不可行也不可取，这时我们利用 $N-M$ 相关曲
线，即可很容易地选出最不利的内力。

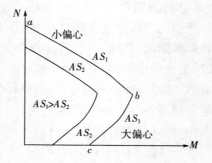

图 5.15　偏压构件的 $N-M$ 相关曲线

对大偏心构件，N 越小，配筋越大；对小偏心构件，N 越大，配筋越大；无论大小偏心，均是
M 越大，配筋越大。根据以上原理，便可对内力组合进行取舍。

（6）对称配筋的偏压构件确定最不利内力的步骤

对称配筋的偏压构件确定最不利内力的步骤如下：

第一步：算出界限轴力 N_b，$N_b = \alpha_1 bh_0 \xi_b$；

第二步：判别大小偏心，若 $N < N_b$，是大偏心破坏，$N > N_b$，是小偏心破坏；

第三步：在大小偏心组内，根据 N、M 的大小，运用 $N-M$ 关曲线，即可选出最不利内力。

【例 5.1】　一小偏心受压柱，可能承受以下三组内力设计值，试确定按哪一组内力计算的配筋量最大？

　　A. $N=1000$kN，$M=50$kNm　　　　　　　B. $N=1000$kN，$M=40$kNm

　　C. $N=8000$kN，$M=40$kNm

　　解：根据 $N-M$ 相关曲线，A、B 项 N 相同，A 项 M 大，因此较不利，B、C 项，M 一定，B 项 N 较大，因此，B 项较不利，所以，A 项最不利。

【例 5.2】　某矩形偏心构件，$b\times h=400\,\text{mm}\times400\,\text{mm}$，混凝土的强度等级为 C25，钢筋采用 HRB400，对称配筋，判断下列几组内力组合中，哪组为最不利内力。

　　A. $N=300$kN，$M=70$kNm

　　B. $N=400$kN，$M=70$kNm

　　C. $N=305$kN，$M=70$kNm

　　D. $N=405$kN，$M=70$kNm

$$N_b=\alpha_1 f_c b h_0 \xi_b=11.9\times400\times360\times0.518=236.8\text{kN}$$

$N>N_b$，是小偏心破坏，N 较大的情况较不利，因此 D 是正确答案。

（6）排架柱的内力组合表

表 5.2　某柱在各种荷载作用下内力设计值汇总表

（某柱在各种荷载作用下内力标准值汇总表）

荷载类别		序号	截面内力值						
			I—I		II—II		III—III		
			M	N	M	N	M	N	V
屋盖自重		1							
柱及吊车梁自重		2							
屋面活荷载	AB 跨有	3							
	BC 跨有	4							
吊车竖向荷载 $D_{\max}$ 作用于	AB 跨 A 柱	5							
	AB 跨 B 柱左	6							
	AB 跨 B 柱右	7							
	BC 跨 C 柱	8							
吊车横向荷载 $T_{\max}$	AB 跨两台吊车刹车	9							
	BC 跨两台吊车刹车	10							
	两跨各有一台吊车刹车	11							
风荷载	自左向右吹	12							
	自右向左吹	13							

表 5.3　某柱在各种荷载作用下内力设计值组合表
（某柱在各种荷载作用下内力标准值组合表）

荷载组合类别	内力组合名称	Ⅰ—Ⅰ		Ⅱ—Ⅱ		Ⅲ—Ⅲ		
		M	N	M	N	M	N	V
永久荷载＋0.9（多个可变荷载）	$+M_{max}$							
	$-M_{max}$							
	N_{max}							
	N_{min}							
永久荷载＋单个可变荷载（风荷载除外）	$+M_{max}$							
	$-M_{max}$							
	N_{max}							
	N_{min}							
永久荷载＋风荷载	$+M_{max}$							
	$-M_{max}$							
	N_{max}							
	N_{min}							

5.2.3　排架柱的设计

1. 使用阶段计算要点

使用阶段设计内容包括排架柱截面尺寸的确定,排架柱材料的选用,内力组合的取舍,排架柱配筋计算。

2. 施工阶段验算要点

因为厂房排架柱大多在现场预制,施工阶段验算要进行吊装验算,柱在施工吊装时的受力状态和使用阶段大不相同。

施工阶段验算时,柱的支承点应根据吊点位置确定,一般情况下,吊点在牛腿的下边缘,所以计算简图是伸臂梁,如图 5.16 所示。

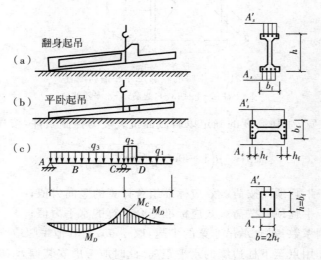

图 5.16　排架柱吊装验算

吊装有平吊,翻转 90° 起吊两种方式,平吊时受力方向是柱宽 b 方向。翻身吊时受力方向和使用方向一致,承载力和变形一般不需另行验算。

5.2.4　牛腿设计

牛腿是用来支承屋架、连系梁和吊车梁等结构构件的关键部位。按照牛腿承受的竖向荷载合力作用点至牛腿根部的柱边缘的水平距离 a 的不同,可将牛腿分为以下两类:$a/h_0 \leqslant 1$ 时为短牛腿,按本章所述内容进行设计,$a/h_0 > 1$ 时为长牛腿,按悬臂梁进行设计。牛腿分类如图 5.17 所示。

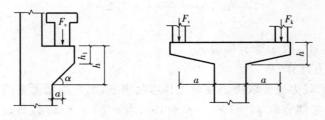

图 5.17　牛腿分类

1. 截面尺寸的确定(图 5.18)

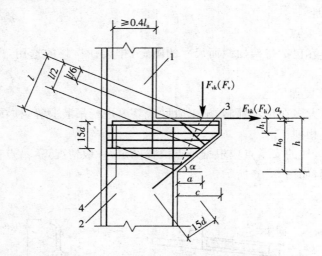

图 5.18　牛腿的轮廓尺寸和钢筋配置

1-上柱;2-下柱;3-弯起筋;4-水平箍筋

牛腿的宽度同柱宽,牛腿高度的确定以斜截面抗裂度为控制条件,按式(5-2-19)验算。

$$F_{vk} \leqslant \beta\Big(1 - 0.5\,\frac{F_{hk}}{F_{vk}}\Big)\frac{f_{tk}\,bh_0}{0.5 + a/h_0} \qquad (5-2-19)$$

式中,F_{vk}—— 作用于牛腿顶面按荷载效应标准组合计算的竖向力值;

F_{hk}—— 作用于牛腿顶面按荷载效应标准组合计算的水平力值;

β—— 裂缝控制系数;对支承吊车梁的牛腿,取 0.65;对其他牛腿取 0.8;

a—— 竖向力作用点至下柱边缘的水平距离,此时应考虑安装偏差20mm,若考虑20mm安装偏差后的竖向力作用点仍位于下柱截面以内时,取 $a=0$;

b—— 牛腿宽度(即柱宽);

h_0—— 牛腿与下柱交接处的垂直截面有效高度,$h_0 = h_1 - a_s + c\tan\alpha$;$\alpha$ 一般取 45°;

f_{tk}—— 混凝土轴心抗拉强度标准值。

2. 正截面承载力计算

牛腿的计算简图可视为以顶部纵筋为水平拉杆,以混凝土斜向受压带为压杆的三角形桁架。

纵筋面积可按下式计算

$$A_s \geqslant \frac{F_v a}{0.85 f_y h_0} + 1.2\,\frac{F_h}{f_y} \qquad (5-2-20)$$

当 a 小于 $0.3h_0$ 时,取 a 等于 $0.3h_0$。

3. 斜截面承载力计算

牛腿的斜截面承载力主要取决于混凝土和弯起钢筋,水平箍筋无直接作用,但可有效抑制斜裂缝的开展,水平箍筋宜取 $\phi6@100 \sim \phi8@150$,当 $a/h_0 \geqslant 0.3$ 时,宜设弯起钢筋,应配置在牛腿上部 $L/6$ 至 $L/2$ 范围内,如图 5.19 所示。

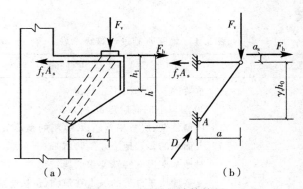

图 5.19　牛腿的计算简图

5.2.5　柱下单独基础设计

1. 地基和基础

地基和基础是两个不同的概念,地基为支承基础的土体或岩体,基础是将结构所承受的各种作用传递到地基的结构组成部分,建筑物的荷载通过基础传到下面的土层上,在土层中产生附加应力和变形,通过土粒间的接触和传递,向四周土中传递并减弱。

2. 地基破坏的三种形式

地基破坏通常是由承载力不足引起的剪切破坏,一般可分为:整体剪切破坏、局部剪切破坏和冲剪破坏三种,如图 5.20 所示。

(1) 整体剪切破坏

当地基上的压力达到极限压力后,塑性变形区发展成一连续滑动面,只要荷载稍有增加,基础就会急剧下沉,同时基础周围的地面严重隆起,基础倾斜,对于压缩性较小的密实砂土和坚硬粘土,会发生整体剪切破坏,如图 5.20(a) 所示。

(2) 局部剪切破坏

介于整体剪切破坏和冲剪破坏之间,破坏时地基的塑性变形区域局限于基础的下方,滑动面也不延伸到地面,地面有可能局部隆起,如图 5.20(b) 所示。

(3) 冲剪破坏

破坏时地基不出现明显的连续滑动面,基础周围的地面不隆起,基础倾斜。地基破坏是由于基础下面软弱土层变形并引起沿基础四周的竖向剪切破坏,导致基础连续下沉,好像基础切入土体一样,桩基易发生冲剪破坏,压缩性较大的松砂也容易发生冲剪破坏,如图 5.20(c) 所示。

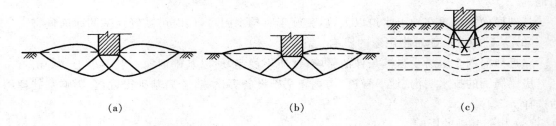

图 5.20　地基破坏的三种形式

3. 地基基础设计等级

表 5.4 地基基础设计等级

设计等级	建筑和地基类型
甲级	重要的工业与民用建筑物 30 层以上的高层建筑 体型复杂、层数相差超过 10 层的高低层连成一体建筑物 大面积的多层地下建筑物(如地下车库、商场、运动场等) 对地基变形有特殊要求的建筑物 复杂地质条件下的坡上建筑物(包括高边坡) 对原有工程影响较大的新建建筑物 场地和地基条件复杂的一般建筑物 位于复杂地质条件及软土地区的二层及二层以上地下室的基坑工程
乙级	除甲级、丙级以外的工业与民用建筑物
丙级	场地和地基条件简单、荷载分布均匀的七层及七层以下民用建筑及一般工业建筑物;次要的轻型建筑物

4. 地基基础设计时应采用的荷载效应的最不利组合

(1)确定基础底板面积应采用正常使用极限状态下荷载效应的标准组合;

(2)验算地基变形应采用正常使用极限状态下荷载效应的准永久组合;

(3)计算基础台阶高度及底板配筋应采用承载能力极限状态下荷载效应的基本组合。

5. 基础的埋置深度

基础的埋置深度是指室外设计地坪到基础底面的距离,基础的埋置深度的大小将影响建筑物的造价、工期、材料消耗、施工技术。基础埋置太深会增加施工难度和造价,基础埋置太浅,又不能保证建筑物的稳定性,因此,在建筑结构的设计中,合理确定基础的埋深很重要。可根据以下几个方面综合确定:

(1)工程地质和水文地质情况

基础底面应设置在坚实的土层上,不可设置在耕植土、淤泥等软弱土层上。如果承载力高的土层在地基土的上部,基础宜浅埋,并验算软弱下卧层的强度;如果承载力高的土层在地基土的下部,则视上部软弱土层厚度,综合考虑施工难易、材料消耗来确定基础埋深,一般情况下,当软弱土层的厚度小于 2m 时,可将软弱土挖掉,当软弱土层的厚度达 3～5m 时,可采用人工地基。

基础底面宜埋置在地下水位以上,以免施工时排水困难,同时可减轻地基的冰冻危害。

(2)基础构造及建筑物用途的影响

靠近地面的土层易受自然条件的影响,性质不稳定,所以基础埋深一般不小于 0.5m。

房屋周围的排水明沟、地下管道、沟坑和基础设备等设施,若离基础很近,会影响基础埋深的选择。

(3)相邻基础的影响

当存在相邻建筑物时,新建建筑物的基础埋深不宜大于原有建筑物基础,当埋深必须大于于原有建筑物基础时,两基础间应保持一定的间距,其数值应根据荷载大小和土质情况而定,一般取相邻基础底面高差的 $1 \sim 2$ 倍。

6. 地基承载力的计算

(1) 地基承载力特征值

由载荷试验测定的地基土压力变形曲线线性变形段内规定的变形所对应的压力值,其最大值为比例界限值。地基承载力特征值可由载荷试验和其他原位试验、公式计算并结合工程实践经验综合确定。

(2) 基础底面的压力,应符合下式的要求:

① 当有轴心荷载作用时

$$p_k \leqslant f_a \tag{5-2-21}$$

式中,p_k —— 相应于荷载效应标准组合时基础底面处的平均压力;

f_a —— 修正后的地基承载力特征值。

② 当有偏心荷载作用时

除满足上式的要求外,尚应符合下列要求:

$$p_{k\,max} \leqslant 1.2 f_a \tag{5-2-22}$$

式中,$p_{k\,max}$ —— 相应于荷载效应标准组合时,基础底面边缘的最大压力值。

(3) 基础底面压力,可按下列公式确定:

① 当有轴心荷载作用时

$$p_k = \frac{F_k + G_k}{A} \tag{5-2-23}$$

式中,F_k —— 相应于荷载效应标准组合时,上部结构传至基础顶面的竖向力值;

G_k —— 基础自重和基础上的土重;

A —— 基础底面面积。

② 当有偏心荷载作用时

$$p_{k\,max} = \frac{F_k + G_k}{A} + \frac{M_k}{W} \tag{5-2-24}$$

$$p_{k\,min} = \frac{F_k + G_k}{A} - \frac{M_k}{W} \tag{5-2-25}$$

式中,M_k —— 相应于荷载效应标准组合时,作用于基础底面的力矩值;

W —— 基础底面的抵抗矩;

$p_{k\,max}$ —— 相应于荷载效应标准组合时,基础底面边缘的最大压力值;

$p_{k\,min}$ —— 相应于荷载效应标准组合时,基础底面边缘的最小压力值。

7. 扩展基础

将上部结构传来的荷载,通过向侧边扩展成一定底面积,使作用在基底的压应力等于或小于地基土的允许承载力,而基础内部的应力应同时满足材料本身的强度要求,这种起到压力扩散作用的基础称为扩展基础。扩展基础指柱下钢筋混凝土独立基础和墙下钢筋混凝土条形基础。

8. 柱下独立基础设计步骤

(1) 荷载计算,包括由柱传至基顶的荷载和基础梁传至基顶的荷载两部分;

(2) 按地基承载力确定基础底面尺寸;

(3) 根据受冲切承载力、受剪承载力计算确定基础高度和变阶处的高度;

(4) 按基础受弯承载力计算底板钢筋,包括沿长边和短边两个方向的配筋计算。

9. 柱下独立基础底面外形尺寸的确定

(1) 轴心受压基础

$$p_{k} = \frac{F_{k} + G_{k}}{A} = \frac{F_{k}}{A} + \gamma_{G} d \leqslant f_{a} \tag{5-2-26}$$

$$A \geqslant \frac{F_{k}}{f_{a} - \gamma_{G} d} \tag{5-2-27}$$

式中,d—— 基础埋深;

γ—— 基础自重和其上的回填土自重的平均自重($22kN/m^3$)。

轴心受压基础计算简图如图 5.21 所示。

(2) 偏心受压基础

偏压基础的底面积是根据基础底面的土反力分布和地基承载力特征值 f_a 确定的,基底的土反力分布,假定为线性分布。偏心受压基础计算简图如图 5.22 所示。

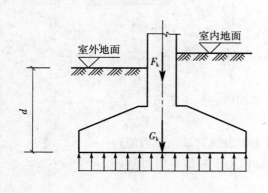

图 5.21　轴心受压基础计算简图

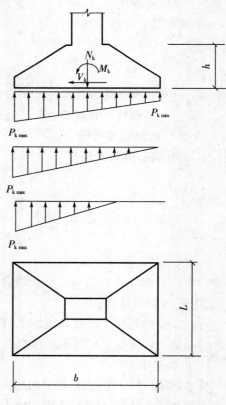

图 5.22　偏心受压基础计算简图

将 $e = \dfrac{M_k}{F_k + G_k}$，$W = \dfrac{b^2 L}{6}$ 代入式（5-2-24）、式（5-2-25）得

$$p_{k,\max} = \frac{F_k + G_k}{bL} + \left(1 + \frac{6e}{b}\right) \tag{5-2-28}$$

$$p_{k,\min} = \frac{F_k + G_k}{bL} + \left(1 - \frac{6e}{b}\right) \tag{5-2-29}$$

当 $e \leqslant \dfrac{b}{6}$ 时，$p_{k,\min} \geqslant 0$；当 $e > \dfrac{b}{6}$，$p_{k,\min} < 0$，$p_{k,\max}$ 应按下式计算：

$$p_{k,\max} = \frac{2(F_k + G_k)}{3La} \tag{5-2-30}$$

式中，L—— 垂直于力矩作用方向的基础底面边长；

a—— 合力作用点至基础底面最大压力边缘的距离。

工程中通常按下列步骤确定偏压基础的底面积：

① 按轴压基础计算出底面积 A_1；

② 假定偏压基础的底面积为 $(1.1 \sim 1.4)A_1$；

③ 计算 $P_{k,\max}$，$P_{k,\min}$，满足要求即可。

10. 柱下独立基础高度的确定

冲切破坏是基础在土反力产生的冲切力作用下发生的，大约沿柱边 45° 发生，破坏面为锥型斜截面，如图 5.24 所示。当斜截面上的主拉应力超过混凝土的抗拉强度，会发生斜拉破坏，设计时，要求冲切面上由土反力产生的局部剪力值小于冲切破坏斜截面的抗剪承载力。设计时用这个条件来确定基础高度。

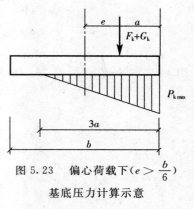

图 5.23 偏心荷载下 $(e > \dfrac{b}{6})$
基底压力计算示意

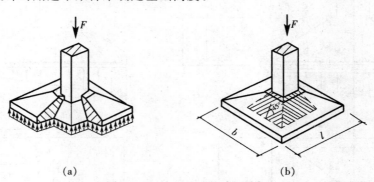

（a）　　　　　　　　　（b）

图 5.24 独立基础的冲切破坏

按照经验初步确定基础高度后，需进行抗冲切承载力的验算，由于方向向下的基础和其上的回填土自重和由基础和其上的回填土产生的方向向上的土壤反力相互抵消，所以，柱下独立基础会在方向向下的轴心压力 N 和向上的均布土壤净反力 P_n 共同作用下，发生冲切破坏，破坏锥面以内的基础，在 N 的作用下有向下移动的趋势，破坏锥面以外的基础，在 P_n 的作用下，有向上移动的趋势。这种破坏缘于混凝土的剪应力达到极限值，也就是锥面以外净反力的合力超过破坏锥面上的抗冲切力的合力。冲切力按下式计算：

$$F_1 = P_n A_1 \qquad (5-2-31)$$

式中,F_1—— 相应于荷载效应基本组合作用在 A_1 上的地基土净反力设计值;

P_n—— 扣除基础自重及其上土重后相应于荷载效应基本组合时的地基土单位面积净反力,对偏心受压基础可取基础边缘处最大地基土单位面积净反力;

基础高度的验算应满足下式:

$$F_1 \leqslant 0.7 \beta_{hp} f_t A_2 \qquad (5-2-32)$$

β_{hp}—— 受冲切承载力截面高度影响系数;

A_1—— 冲切破坏面外的基底冲切力作用面积;

A_2—— 冲切破坏面在基础底面上的水平投影面积。

当 $L \geqslant a_c + 2h_0$ 时,A_1,A_2 按图 5.25(a) 确定

$$A_1 = \left(\frac{b}{2} - \frac{b_c}{2} - h_0 \right) L - \left(\frac{L}{2} - \frac{a_c}{2} - h_0 \right)^2 \qquad (5-2-33)$$

$$A_2 = (a_c + h_0) h_0 \qquad (5-2-34)$$

当 $L < a_c + 2h_0$ 时,A_1,A_2 按图 5.25(b) 确定

$$A_1 = \left(\frac{b}{2} - \frac{b_c}{2} - h_0 \right) L \qquad (5-2-35)$$

$$A_2 = (a_c + h_0) h_0 - \left(h_0 + \frac{a_c}{2} - \frac{L}{2} \right)^2 \qquad (5-2-36)$$

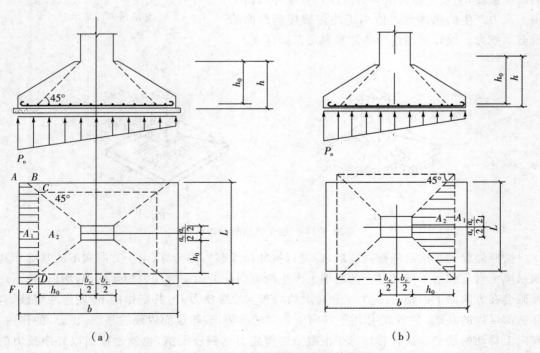

图 5.25　独立基础的冲切破坏计算简图

11. 柱下独立基础底板配筋

弯曲破坏是基础在土反力产生的弯矩作用下产生的,破坏沿柱边发生,裂缝平行于柱边。为防止发生这种破坏,要求基础各竖向截面由土反力产生的弯矩设计值小于基础弯曲破坏面的抗弯承载力,即 $M \leqslant M_u$,设计时用这个条件来确定基底配筋。

基础在土壤净反力的作用下,两个方向向上弯曲,因此把底板当作悬臂板,固定边在柱边。

计算各项弯矩时,可把基础底板分成四块梯形,如图 5.26 所示,将梯形 $ABCD$,梯形 $CBEF$ 面积上的地基净反力 P_n 的合力分别乘以其作用点到柱边的距离,即可得到柱边截面的弯矩。

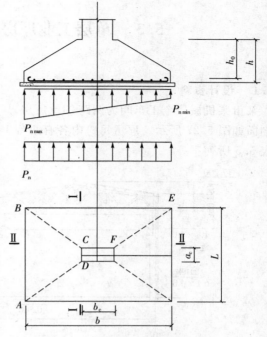

图 5.26　柱下独立基础的底板配筋

(1)轴压基础

① Ⅰ－Ⅰ 截面

$$M_{\mathrm{I-I}} = \frac{1}{24} P_n (b - b_c)^2 (2L + a_c) \qquad (5-2-37)$$

$$A_{s\mathrm{I}} = \frac{M_{\mathrm{I-I}}}{0.9 f_y h_0} \qquad (5-2-38)$$

② Ⅱ－Ⅱ 截面

$$M_{\mathrm{II-II}} = \frac{1}{24} P_n (L - a_c)^2 (2b + b_c) \qquad (5-2-39)$$

$$A_{s\mathrm{II}} = \frac{M_{\mathrm{II-II}}}{0.9 f_y (h_0 - d)} \qquad (5-2-40)$$

(2)偏压基础

计算 $M_{\mathrm{I-I}}$,$M_{\mathrm{II-II}}$ 时,应考虑土壤净反力不均匀分布的影响,可按下式计算。

$$M_{\mathrm{I-I}} = \frac{P_{n,\max} + P_{n,\mathrm{I}}}{48} P_n (b - b_c)^2 (2L + a_c) \qquad (5-2-41)$$

$$M_{\mathrm{II-II}} = \frac{P_{n,\max} + P_{n,\min}}{48} (L - a_c)^2 (2b + b_c) \qquad (5-2-42)$$

应注意短边方向的钢筋一般置于长边方向钢筋之上。

5.3 单层工业厂房排架结构设计例题

5.3.1 设计资料

某市某机械厂金工车间为两跨24m厂房,厂房总长120m,中间设伸缩缝一道,柱距6m,厂房剖面如图5.27所示。厂房每跨内各有两台150/30kN中级工作制软钩桥式吊车,吊车参数见表5.5所列。

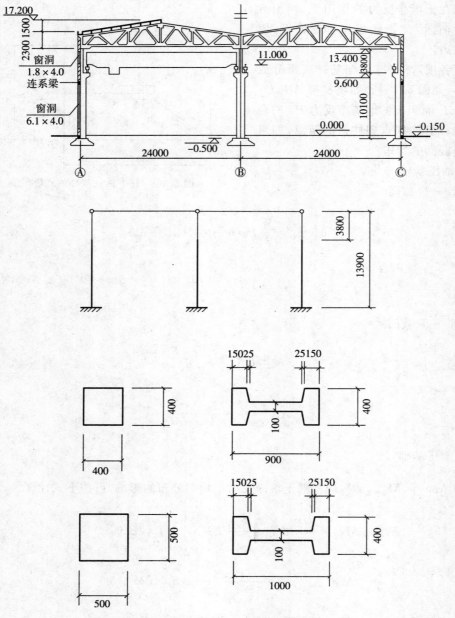

图 5.27　单层厂房剖面图及计算简图

表 5.5　吊车数据(大连起重机厂)

起重量 (kN)	桥跨 L_k(m)	最大轮压 P_{max}(kN)	小车重 g(kN)	大车轮距 K(m)	大车宽 B(m)	吊车总重 (kN)
150/30	22.5	168	67.7	4.4	5.6	279

其余的设计资料、设计内容和设计要求同 5.1 节钢筋混凝土单层厂房排架结构体系课程设计任务书。

5.3.2　荷载计算

1. 恒荷载

(1) 屋盖荷载

SBS 改性沥青防水卷材：0.35kN/m²

20 厚水泥砂浆找平层：$20 \times 0.02 = 0.4$kN/m²

100 厚水泥珍珠岩制品保温层：$5 \times 0.1 = 0.5$kN/m²

20 厚水泥砂浆找平层：$20 \times 0.02 = 0.4$kN/m²

预应力混凝土大型屋面板：1.4kN/m²

合计：3.05kN/m²

屋架的自重标准值为每榀 106kN，天沟板自重标准值为每块 11kN，作用于柱顶的屋盖结构自重设计值为：

$$G_1 = 1.2 \times (3.05 \times 6 \times 24/2 + 106/2 + 11) = 340.24\text{kN}$$

(2) 柱自重

边柱上柱：$G_{4A} = G_{4C} = 1.2 \times 4.0 \times 3.8 = 18.24$kN

边柱下柱：$G_{5A} = G_{5C} = 1.2 \times 4.69 \times 10.1 = 56.84$kN

中柱上柱：$G_{4B} = 1.2 \times 3.8 \times 6.25 = 28.5$kN

中柱下柱：$G_{5B} = 1.2 \times 4.94 \times 10.1 = 59.87$kN

(3) 吊车梁及轨道自重设计值

$$G_3 = 1.2 \times (44.2 + 0.8 \times 6) = 58.8\text{kN}$$

2. 屋面活荷载

由荷载规范知，不上人屋面的活荷载标准值为 0.5kN/m²，某地雪荷载标准值(50 年)为 0.7kN/m²，故仅按屋面活荷载计算。

AB 跨：$Q_{1A} = Q_{1BA} = 1.4 \times 0.7 \times 6 \times 24 \times 0.5 = 70.56$kN

BC 跨：$Q_{1C} = Q_{1BC} = 1.4 \times 0.7 \times 6 \times 24 \times 0.5 = 70.56 \text{kN}$

屋面活荷载每侧柱上的作用点位置与屋盖结构自重的作用点相同，如图 5.28 所示。

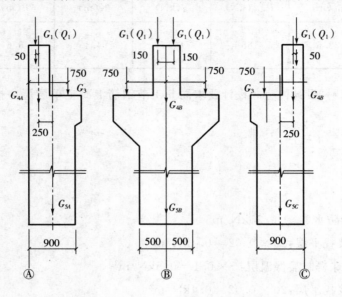

图 5.28　恒、活载作用布置图

3. 风荷载

由荷载规范知，该地区的基本风压 $\omega_0 = 0.4 \text{kN/m}^2$，$\beta_z = 1.0$，风压高度系数按 B 类地面取值：

柱顶：$H = 13.4 \text{m}$，　$\mu_z = 1.095$

檐口：$H = 15.7 \text{m}$，　$\mu_z = 1.156$

屋顶：$H = 17.2 \text{m}$，　$\mu_z = 1.19$

风荷载标准值：$\omega_1 = \beta_z \mu_{s1} \mu_z \omega_0 = 1.0 \times 0.8 \times 1.095 \times 0.4 = 0.3504 \text{kN/m}^2$

$$\omega_2 = \beta_z \mu_{s2} \mu_z \omega_0 = 1.0 \times 0.4 \times 1.095 \times 0.4 = 0.1752 \text{kN/m}^2$$

作用在排架上的风荷载的设计值：

$$q_1 = \gamma_Q \omega_1 B = 1.4 \times 0.3504 \times 6.0 = 2.9434 \text{kN/m}$$

$$q_2 = \gamma_Q \omega_2 B = 1.4 \times 0.1752 \times 6.0 = 1.4714 \text{kN/m}$$

$$F_w = \gamma_Q [(\mu_{s_1} + \mu_{s_2}) \mu_z h_1 + \mu_{s_3} + \mu_{s_4}) \mu_z h_z] \beta_z \omega_0 B$$

$$1.4 \times [(0.8 + 0.4) \times 1.156 \times 2.3 + (-0.6 + 0.5) \times 1.19 \times 1.5] \times 1.0 \times 0.4 \times 6.0$$

$$= 10.12 \text{kN}$$

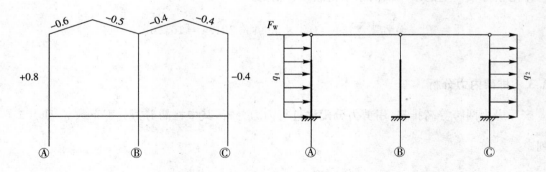

图 5.29　风荷载下体型系数及计算

4. 吊车荷载

由吊车数据表中可得 150/30kN 吊车的参数为：$B=5.6\text{m}$，$k=4.4\text{m}$，$g=67.7\text{kN}$，$Q=150\text{kN}$，$P_{\max}=168\text{kN}$，$p_{\min}=46.5\text{kN}$。根据 B，K，可得吊车梁支座反力影响线中各轮压对应点的竖向坐标值，如图 5.30 所示。

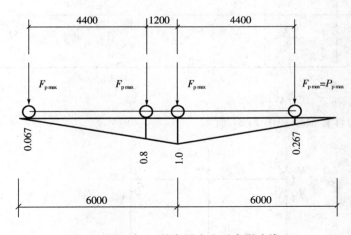

图 5.30　吊车梁支座反力影响线

（1）吊车竖向荷载

吊车竖向荷载设计值为：

$$D_{\max}=\gamma_Q P_{\max}\sum y_i=1.4\times168\times(0.067+0.8+0.267+1)=501.92\text{kN}$$

$$D_{\min}=\gamma_Q P_{\min}\sum y_i=1.4\times46.5\times2.134=138.92\text{kN}$$

（2）吊车横向水平荷载

作用于每一个轮子上的吊车横向水平制动力为：

$$T=\frac{1}{4}\alpha(Q+g)=\frac{1}{4}\times0.1\times(67.7+150)=5.44\text{kN}$$

作用于排架柱上的吊车横向水平荷载设计值为：

$$T_{\max} = \gamma_Q T \sum y_i = 1.4 \times 5.44 \times 2.134 = 16.26\text{kN}$$

5.3.3　排架内力分析

该厂房为两跨等高排架，用剪力分配法进行内力分析，其中柱的剪力分配系数 η_1 见表 5.6 所列。

表 5.6　柱剪力分配系数柱别

柱别	$n = \dfrac{I_u}{I_1}$	$\lambda = \dfrac{H_u}{H}$	$C_0 = 3[1 + \lambda^3(1/n - 1)]$	$\delta = \dfrac{H^3}{C_0 E I_1}$	$\eta_i = \dfrac{1/\delta_i}{\sum 1/\delta_i}$
A,C 柱	0.109	0.273	2.572	$0.199 \times 10^{-10}\dfrac{H^3}{3}$	0.292
B 柱	0.203	0.273	2.778	$0.140 \times 10^{-10}\dfrac{H^3}{3}$	0.416

1. 恒荷载作用下排架内力分析

恒荷载作用下的计算简图如图 5.31 所示。

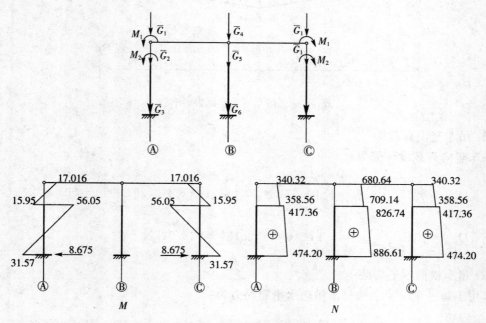

图 5.31　恒载作用下排架的计算简图和内力图

$\overline{G}_1 = G_1 = 340.32\text{kN}$

$\overline{G}_2 = G_3 + G_4 = 58.8 + 18.24 = 77.04\text{kN}$

$\overline{G}_3 = G_{5A} = 56.84\text{kN}$

$\overline{G}_4 = 2G_1 = 2 \times 340.32 = 680.64\text{kN}$

$\overline{G}_5 = G_{4B} + 2G_3 = 28.5 + 2 \times 58.8 = 145.5\text{kN}$

$\overline{G}_6 = G_{5B} = 59.87\text{kN}$

$M_1 = \overline{G}_1 \cdot e_1 = 340.32 \times 0.05 = 17.016\text{kN} \cdot \text{m}$

$M_2 = (\overline{G}_1 + G_{4A}) \cdot e_0 - G_3 \cdot e_3 = (340.32 + 18.24) \times 0.25 - 58.8 \times 0.3 = 72\text{kN} \cdot \text{m}$

排架为对称结构并作用对称荷载,结构无侧移,故各柱可按柱顶为不动铰支座计算内力。

A, C 柱:$n = 0.109, \lambda = 0.273$

$$C_1 = \frac{3}{2} \cdot \frac{1 - \lambda^2 \left(1 - \dfrac{1}{n}\right)}{1 + \lambda^3 \left(\dfrac{1}{n} - 1\right)} = \frac{3}{2} \times \frac{1.61}{1.71} = 2.064$$

$$C_3 = \frac{3}{2} \cdot \frac{1 - \lambda^2}{1 + \lambda^3 \left(\dfrac{1}{n} - 1\right)} = \frac{3}{2} \times \frac{1 - 0.0745}{1.17} = 1.187$$

$$R_A = \frac{M_1}{H}C_1 + \frac{M_2}{H}C_3 = \frac{17.016 \times 2.064 + 72 \times 1.187}{13.9} = 8.675\text{kN}(\rightarrow)$$

$R_B = 0$

由上可得各截面的 M 和 N 图。

2. 屋面活荷载作用下的排架内力分析

(1)AB 跨作用屋面活荷载

排架计算简图如下图所示,其中 $Q_1 = 70.56\text{kN}$,它在柱顶变阶处引起的力矩为:

$M_{1A} = 70.56 \times 0.05 = 3.528\text{kN} \cdot \text{m}, M_{2A} = 70.56 \times 0.25 = 17.64\text{kN} \cdot \text{m}$

$M_{1B} = 70.56 \times 0.15 = 10.584\text{kN} \cdot \text{m}_{\circ}$

对于 A 柱,$C_1 = 2.064, C_3 = 1.187$,则

$$R_A = \frac{M_{1A}}{H}C_1 + \frac{M_{2A}}{H}C_3 = \frac{3.528 \times 2.064 + 17.46 \times 1.187}{13.9} = 2.03\text{kN}(\rightarrow)$$

对于 B 柱,$n = 0.203, \lambda = 0.273$

则排架柱不动铰支座总反力为：

$$C_1 = \frac{3}{2} \cdot \frac{1 - \lambda^2 \left(1 - \frac{1}{n}\right)}{1 + \lambda^3 \left(\frac{1}{n} - 1\right)} = \frac{3}{2} \times \frac{1.293}{1.080} = 1.796$$

$$R_B = \frac{M_{1B}}{H} C_1 = \frac{10.584}{13.9} \times 1.796 = 1.37 \text{kN}(\rightarrow)$$

则排架柱不动铰支座总反力为：

$$R = R_A + R_B = 2.03 + 1.37 = 3.4 \text{kN}(\rightarrow)$$

将 R 反作用于柱顶，计算相应的柱顶剪力，并与柱顶不动铰支座反力叠加，可得屋面活荷载作用于 AB 跨时的柱顶剪力：

$$V_A = R_A - \eta_A R = 2.03 - 0.292 \times 3.4 = 1.04 \text{kN}(\rightarrow)$$

$$V_B = R_B - \eta_B R = 1.37 - 0.416 \times 3.4 = -0.0444 \text{kN}(\leftarrow)$$

$$V_C = -\eta_C R = -0.292 \times 3.4 = -0.993 \text{kN}(\leftarrow)$$

排架各柱的弯矩图，轴力图及柱底剪力图如图 5.32 所示。

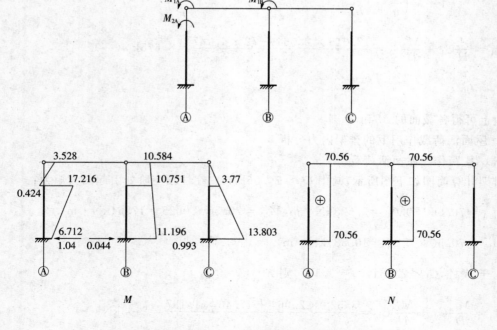

图 5.32　活荷载作用于 AB 跨时排架的计算简图和内力图

（2）BC 跨作用屋面活荷载

由于结构对称，且 BC 跨与 AB 跨作用荷载相同，故只需将上图中各内力图的位置及方向作下调整，如图 5.33 所示。

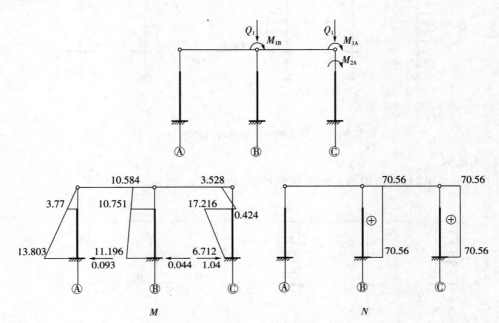

图 5.33　活载作用于 BC 跨时排架的计算简图和内力图

3. 风荷载作用下排架内力分析

（1）左吹风

A，C 柱：$n = 0.109$，$\lambda = 0.273$

$$C_{11} = \frac{3}{8} \cdot \frac{1 + \lambda^4 \left(\dfrac{1}{n} - 1 \right)}{1 + \lambda^3 \left(\dfrac{1}{n} - 1 \right)} = \frac{3}{8} \times \frac{1.045}{1.166} = 0.336$$

$$R_A = -q_1 H C_{11} = -2.9434 \times 13.9 \times 0.336 = -13.75 \text{kN}(\leftarrow)$$

$$R_C = -q_2 H C_{11} = -1.4717 \times 13.9 \times 0.336 = -6.87 \text{kN}(\leftarrow)$$

$$R = R_A + R_C + F_w = -13.75 - 6.87 - 10.12 = -30.74 \text{kN}(\leftarrow)$$

各柱顶剪力分别为：

$$V_A = R_A - \eta_A R = -13.75 + 0.292 \times 30.74 = -4.77 \text{kN}(\leftarrow)$$

$$V_B = -\eta_B R = 0.416 \times 30.74 = 12.79 \text{kN}(\rightarrow)$$

$$V_C = R_C - \eta_C R = -6.87 + 0.292 \times 30.74 = 2.11 \text{kN}(\rightarrow)$$

排架计算简图、内力图如图 5.34。

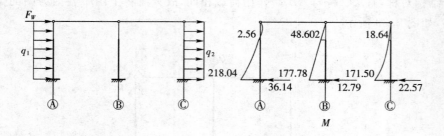

图 5.34　左风荷载时排架的计算简图和内力图

（2）右吹风

计算简图见下图，内力图与左吹风时轴对称，如图 5.35 所示。

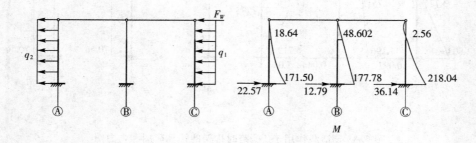

图 5.35　右风荷载时排架的计算简图和内力图

4. 吊车荷载作用下排架内力分析

（1）D_{max} 作用于 A 柱

计算简图如图 5.36 所示。

吊车竖向荷载 D_{max}，D_{min} 在牛腿顶面处引起的力矩为：

$$M_A = D_{max} \cdot e_3 = 501.92 \times 0.3 = 150.58 \text{kN} \cdot \text{m}$$

$$M_B = D_{min} \cdot e_3 = 138.92 \times 0.75 = 104.19 \text{kN} \cdot \text{m}$$

对 A 柱，$C_3 = 1.187$，则

$$R_A = -\frac{M_A}{H}C_3 = -\frac{150.58}{13.9} \times 1.187 = -12.88 \text{kN} (\leftarrow)$$

对 B 柱，$n = 0.203$，$\lambda = 0.273$

$$C_3 = \frac{3}{2} \cdot \frac{1-\lambda^2}{1+\lambda^3\left(\frac{1}{n}-1\right)} = \frac{3}{2} \times \frac{0.925}{1.08} = 1.285$$

排架各柱顶剪力分别为：

$$R_B = \frac{M_B}{H}C_3 = -\frac{104.19}{13.9} \times 1.285 = 9.632 \text{kN} (\rightarrow)$$

$$R = R_A + R_B = -12.88 + 9.632 = -3.24 \text{kN}(\leftarrow)$$

$$V_A = R_A - \eta_A R = -12.88 + 0.292 \times 3.24 = -11.93 \text{kN}(\leftarrow)$$

$$V_B = R_B - \eta_B R = 9.632 + 0.416 \times 3.24 = 10.98 \text{kN}(\rightarrow)$$

$$V_C = -\eta_C R = 0.292 \times 3.24 = 0.946 \text{kN}(\rightarrow)$$

排架各柱的内力如图 5.36 如示。

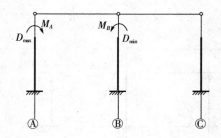

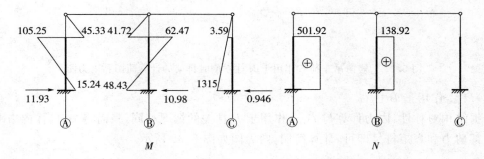

图 5.36　竖向吊车荷载作用于 A 柱时排架的计算简图和内力图

（2）$D_{\max}$ 作用于 B 柱左

计算简图如图 5.37 所示。

$$M_A = D_{\min} \cdot e_3 = 138.92 \times 0.3 = 41.676 \text{kN} \cdot \text{m}$$

$$M_B = D_{\max} \cdot e_3 = 501.92 \times 0.75 = 376.44 \text{kN} \cdot \text{m}$$

$$R_A = -\frac{M_A}{H} C_3 = -\frac{41.76}{13.9} \times 1.187 = -3.56 \text{kN}(\leftarrow)$$

$$R_B = \frac{M_B}{H} C_3 = -\frac{376.44}{13.9} \times 1.285 = 34.8 \text{kN}(\rightarrow)$$

$$R = R_A + R_B = -3.56 + 34.8 = 31.24 \text{kN}(\rightarrow)$$

排架各柱顶剪力分别为：

$$V_A = R_A - \eta_A R = -3.56 - 0.292 \times 31.24 = -12.68 \text{kN}(\leftarrow)$$

$$V_B = R_B - \eta_B R = 34.8 - 0.416 \times 31.24 = 21.8 \text{kN}(\rightarrow)$$

$$V_C = -\eta_C R = -0.292 \times 31.24 = -9.12 \text{kN}(\rightarrow)$$

排架各柱的内力图如图 5.37。

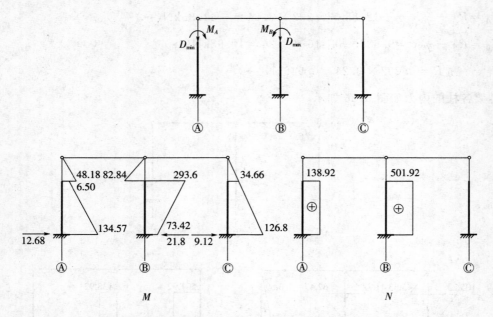

图 5.37　　竖向吊车荷载作用于 B 柱左侧时排架的计算简图和内力图

（3）D_{max} 作用于 B 柱右

根据结构对称性，内力计算与 D_{max} 作用于 B 柱左的情况相同，只需将 A，C 柱内力对换并改变全部剪力和弯矩符号即可，计算简图，内力图如图 5.38 所示。

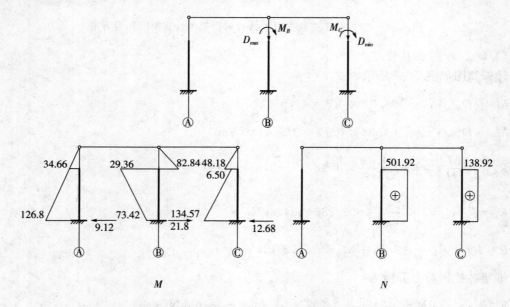

图 5.38　　竖向吊车荷载作用于 B 柱右侧时排架的计算简图和内力图

（4）D_{max} 作用于 C 柱

由上可知，同理，将 D_{max} 作用于 A 柱的内力对换，并改变相应的符号即可，计算简图，内力图如图 5.39 所示。

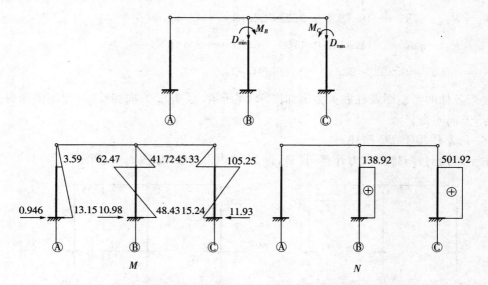

图 5.39　竖向吊车荷载作用于 C 柱时排架的计算简图和内力图

(5) T_{max} 作用于 AB 跨柱

当 AB 跨作用吊车横向水平荷载时，排架的计算简图如图 5.40 所示。

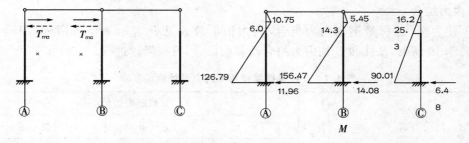

图 5.40　横向吊车荷载作用于 B 跨时排架的计算简图和内力图

对于 A 柱，$n = 0.109$，$\lambda = 0.273$，$a = (3.8 - 1.4)/3.8 = 0.632$

则：$C_5 = \dfrac{2 - 3a\lambda + \lambda^3 \left[\dfrac{(2+a)(1-a)^2}{n} - (2 - 3a) \right]}{2\left[1 + \lambda^3 \left(\dfrac{1}{n} - 1 \right) \right]} = \dfrac{1.547}{2.333} = 0.663$

$$R_A = -T_{max}C_5 = -0.663 \times 16.26 = -10.78 \text{kN}(\leftarrow)$$

同理：对于 B 柱，$n = 0.109$，$\lambda = 0.273$，$a = 0.632$，$C_5 = 0.702$；

$$R_B = -T_{max}C_5 = -0.702 \times 16.26 = -11.41 \text{kN}(\leftarrow)$$

$$R = R_A + R_B = -11.41 - 10.78 = -22.19 \text{kN}(\leftarrow)$$

各柱顶剪力：

$$V_A = R_A - \eta_A R = -10.78 + 0.292 \times 22.19 = -4.3 \text{kN}(\leftarrow)$$

$$V_B = R_B - \eta_B R = -11.41 + 0.416 \times 22.19 = -2.18 \text{kN}(\leftarrow)$$

$$V_C = -\eta_C R = 0.292 \times 22.19 = 6.48 \text{kN}(\rightarrow)$$

排架各柱的弯矩图及柱底剪力值如图 5.40 所示，当 $T_{\max}$ 方向相反时，弯矩图和剪力只改变符号，方向不变。

（6）$T_{\max}$ 作用于 BC 跨柱

由于结构对称，排架内力计算同（5），将 A，C 内力对换，如图 5.41 所示。

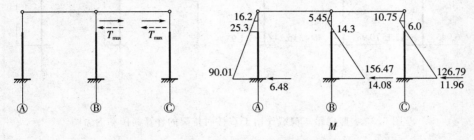

图 5.41　横向吊车荷载作用于 BC 跨时排架的计算简图和内力图

5.3.4　内力组合

以 A 柱为例，进行最不利内力组合，内力值汇总表见表 5.7、表 5.8 所列，组合结果见表 5.9、表 5.10 所列，B 柱和 C 柱内力组合及截面设计，可按同理进行。

表 5.7　A 柱在荷载作用下内力设计值汇总表

荷载类别		序号	截面内力值						
			Ⅰ—Ⅰ		Ⅱ—Ⅱ		Ⅲ—Ⅲ		
			M	N	M	N	M	N	V
恒载		1	15.95	358.56	−56.05	417.36	31.57	474.2	8.675
屋面活载	作用于 AB 跨	2	0.424	70.56	−17.216	70.56	−6.712	0	1.04
	作用于 BC 跨	3	3.77	0	3.77	0	13.803	0	0.993
吊车竖向荷载	作用于 A 柱	4	−45.33	0	105.25	501.92	−15.24	501.92	−11.93
	作用于 B 柱左	5	−48.18	0	−6.5	138.92	−134.57	138.92	−12.68
	作用于 B 柱右	6	34.66	0	34.66	0	126.8	0	9.12
	作用于 C 柱	7	−3.59	0	−3.59	0	−13.15	0	−0.946
吊车横向荷载	作用于 AB 跨	8	±6.0	0	±6.0	0	±126.79	0	±11.96
	作用于 BC 跨	9	±25.3	0	±25.3	0	±90.1	0	±6.48
风荷载	左风	10	2.56	0	2.56	0	218.04	0	36.14
	右风	11	−18.64	0	−18.64	0	−171.5	0	−22.57

表 5.8　A 柱在荷载作用下内力标准值汇总表

荷载类别		序号	截面内力值						
			I—I		II—II		III—III		
			M_k	N_k	M_k	N_k	M_k	N_k	V_k
恒载		1	13.29	298.8	−46.71	347.8	26.31	395.2	7.23
屋面活载	作用于 AB 跨	2	0.303	50.4	−12.30	50.4	−4.79	0	0.743
	作用于 BC 跨	3	2.69	0	2.69	0	9.86	0	0.709
吊车竖向荷载	作用于 A 柱	4	−32.38	0	75.2	358.5	−10.89	358.5	−8.52
	作用于 B 柱左	5	−34.4	0	−4.64	99.2	−96.12	99.2	−9.06
	作用于 B 柱右	6	24.76	0	24.76	0	90.6	0	6.51
	作用于 C 柱	7	−2.56	0	−2.56	0	−9.39	0	−0.676
吊车横向荷载	作用于 AB 跨	8	±4.29	0	±4.29	0	±90.56	0	±8.54
	作用于 BC 跨	9	±18.1	0	±18.1	0	±64.4	0	±4.63
风荷载	左风	10	1.83	0	1.83	0	155.74	0	25.81
	右风	11	−13.31	0	−13.31	0	−122.50	0	−18.81

注：以上 M 单位为 kN·m，N 单位为 kN，V 单位为 kN。

表 5.9　A 柱内力设计值组合表

荷载组合类别	内力组合名称	I—I		II—II		III—III		
		M	N	M	N	M	N	V
永久荷载＋0.9（可变荷载＋风荷载）	$+M_{max}$	(1)＋0.9[(2)＋(3)＋0.9((6)＋(9))]		(1)*＋0.9[(3)＋0.8((4)＋(6))＋0.9(9)]		(1)*＋0.9[(3)＋0.9((6)＋(9))＋(10)]		
		68.29	422.06	77.91	709.18	415.92	474.20	54.73
	$-M_{max}$	(1)*＋0.9[0.9((5)＋(8))＋(11)]		(1)＋0.9[(2)＋0.9((7)＋(9))＋(11)]		(1)*＋0.9[(2)＋0.9((5)＋(8))＋(11)]		
		−47.37	298.8	−111.72	480.86	−345.78	507.73	−32.11
	N_{max}	(1)*＋0.9[(3)＋0.9((6)＋(9))]		(1)*＋0.9[(2)＋0.9((7)＋(9))＋(11)]		(1)*＋0.9[(3)＋0.9((4)＋(8))＋(10)]		
		65.25	298.80	−102.38	411.30	325.32	801.76	40.67
	N_{min}	(1)＋0.9[(2)＋(3)＋0.9((6)＋(9))]		(1)＋0.9[(2)＋(3)＋0.9((4)＋(8))]		(1)＋0.9[(2)＋(3)＋0.9((4)＋(8))＋(10)]		
		68.29	422.06	21.96	887.42	324.54	880.76	43.06
永久荷载＋风荷载	$+M_{max}$	(1)＋(10)		(1)*＋(10)		(1)＋(10)		
		18.51	358.56	−44.15	347.8	249.61	474.2	44.82
	$-M_{max}$	(1)*＋(11)		(1)＋(11)		(1)*＋(11)		
		−5.35	298.8	−74.69	417.36	−145.19	395.2	−15.34
	N_{max}	(1)*＋(10)		(1)*＋(11)		(1)*＋(10)		
		15.85	298.8	−65.35	347.80	244.35	395.20	43.37
	N_{min}	(1)＋(10)		(1)＋(11)		(1)＋(10)		
		18.51	358.56	−74.69	417.36	249.61	474.20	44.82

注：1. 以上符号中带有 * 号的取标准值，没有 * 号的取设计值。

　　2. 以上 M 单位为 kN·m，N 单位为 kN，V 单位为 kN。

　　3. 以上组合吊车荷载时，其前面的 0.9 指的是多台吊车的荷载折减系数 β。

表 5.10　A 柱按荷载效应的标准组合的内力组合表

荷载组合类别	内力组合名称	I—I		II—II		III—III		
		M	N	M	N	M	N	V
永久荷载＋0.9（可变荷载＋风荷载）	$+M_{max}$	(1)＋0.9[(2)＋(3)＋0.9((6)＋(9))]		(1)＋0.9[(3)＋0.8((4)＋(6))＋0.9(9)]		(1)＋0.9[(3)＋0.9((6)＋(9))＋(10)]		
		50.7	344.16	42.34	605.92	300.90	395.20	40.12
	$-M_{max}$	(1)＋0.9[0.9((5)＋(8))＋(11)]		(1)＋0.9[(2)＋0.9((7)＋(9))＋(11)]		(1)＋0.9[(2)＋0.9((5)＋(8))＋(11)]		
		−30.03	298.80	86.49	393.16	239.46	475.55	−23.29
	N_{max}	(1)＋0.9[(3)＋0.9((6)＋(9))]		(1)＋0.9[(2)＋0.9((7)＋(9))＋(11)]		(1)＋0.9[(3)＋0.9((4)＋(8))＋(10)]		
		50.43	298.80	−86.49	393.16	257.51	717.85	26.54
	N_{min}	(1)＋0.9[(2)＋(3)＋0.9((6)＋(9))]		(1)＋0.9[(2)＋(3)＋0.9((4)＋(8))]		(1)＋0.9[(2)＋(3)＋0.9((4)＋(8))＋(10)]		
		50.70	378.88	9.03	683.55	232.51	685.59	27.28
永久荷载＋风荷载	$+M_{max}$	(1)＋(10)		(1)＋(10)		(1)＋(10)		
		15.12	298.80	−48.54	347.80	182.05	395.20	33.04
	$-M_{max}$	(1)＋(11)		(1)＋(11)		(1)＋(11)		
		−0.02	298.80	−60.02	347.80	−96.19	395.20	−11.58
	N_{max}	(1)＋(10)		(1)＋(11)		(1)＋(10)		
		15.12	298.80	−60.02	347.80	182.05	395.20	33.04
	N_{min}	(1)＋(10)		(1)＋(11)		(1)＋(10)		
		15.12	298.80	−60.02	347.80	−96.19	395.20	−11.58

注:1. 以上所有荷载均取标准值。

2. 以上 M 单位为 kN·m，N 单位为 kN，V 单位为 kN。

3. 以上组合吊车荷载时，其前面的 0.9 指的是多台吊车的荷载折减系数 β。

5.3.5　柱的截面设计

以 A 柱为例，混凝土强度等级为 C25，钢筋为 HRB335 级。

1. 柱的纵向钢筋计算

（1）上柱

采用对称配筋，可不考虑弯矩正负号而取绝对值最大的一组分析比较，最不利内力组合为：

$$M_1 = 65.26 \text{kN} \cdot \text{m}, \quad N_1 = 298.80 \text{kN}$$

$$M_2 = 68.29 \text{kN} \cdot \text{m}, \quad N_2 = 422.06 \text{kN}$$

根据吊车厂排架方向，其计算长度为：

$$l_0 = 2H_u = 2 \times 3800 = 7600 \text{mm}$$

① 以第一组内力为例，介绍计算方法：

$$M = 65.25 \text{kN} \cdot \text{m}, N = 298.80 \text{kN}$$

$$e_0 = M/N = 65.25 \times 10^3 / 298.80 = 218 \text{mm}$$

$$e_i = e_0 + e_a = 218 + 20 = 238 \text{mm}$$

$$l_0/h = 7600/400 = 19 > 5$$

故应考虑弯矩增大系数 η。

$\zeta_c = 0.5bhf_c/N = 0.5 \times 400 \times 400 \times 11.9/(298.8 \times 10^3) = 3.19 > 1.0$，取 $\zeta_c = 1.0$。

$$e_i = e_0 + e_a = 218 + 20 = 238 \text{mm}$$

$$\eta_s = 1 + \frac{1}{1500 e_i/h_0} \left(\frac{l_0}{h}\right)^2 \zeta_c = 1.37$$

$$x = N/\alpha_1 f_c b = 298.8 \times 10^3/(1.0 \times 11.9 \times 400)$$

$$= 62.8 \text{mm} < \zeta h_0 = 0.566 \times 365 = 206.6 \text{mm}$$

故属大偏心受压。取 $x = 2a'_s = 80 \text{mm}$

$$e' = \eta_s M/N + h/2 + a'_s = 1.37 \times 65.25/298.8 + 400/2 + 400/2 + 40 = 383 \text{mm}$$

$$A_s = A'_s = [Ne - \alpha_1 f_c bx(h_0 - x/2)]/[f'_y \times (h_0 - a'_s)] = 509 \text{mm}^2$$

② 垂直与弯矩作用平面承载力计算。在垂直排架方向设有柱间支撑时，其计算长度为

$$l_0 = 1.25 H_u = 1.25 \times 3800 = 4750 \text{mm}$$

$$l_0/b = 4750/400 = 11.9$$

轴心受压稳定系数 $\varphi = 0.95$，则

$$N_u = 0.9\varphi(f_c bh + f'_y A'_s) = 0.9 \times 0.95 \times (11.9 \times 400 \times 400 + 300 \times 509) = 1726.2 \text{kN}$$

$$> N_{max} = 422.06 \text{kN}$$

满足要求。

(2) 下柱

由 A 柱内力组合表可得，最不利内力组合为

$$M_1 = 415.92 \text{kN·m} \quad N_1 = 474.20 \text{kN}$$

$$M_2 = 345.78 \text{kN·m} \quad N_2 = 507.73 \text{kN}$$

① 以第一组内力为例，介绍计算方法：

$$M = 415.92 \text{kN·m} \quad N = 474.20 \text{kN}$$

$$e_0 = M/N = 415.92 \times 10^3/474.20 = 877 \text{mm}$$

$$e_i = e_0 + e_a = 877 + 900/30 = 907 \text{mm}$$

下柱截面的物理参数为

$$A = 180000 \text{mm}^2, \quad I = 1.8675 \times 10^{10} \text{mm}^4, \quad i = \sqrt{I/A} = 322 \text{mm}$$

下柱计算长度：$l_0 = 1.0 H_u = 1.0 \times 10100 = 10100 \text{mm}$

$l_0/i = 10100/322 = 31.4 > 17.5$，故应考虑弯矩增大系数 η_s。

$\zeta_c = 0.5 A f_c/N = 0.5 \times 180000 \times 11.9/(474.20 \times 10^3) = 2.26 > 1.0$，取 $\zeta_1 = 1.0$。

$$\eta_s = 1 + \frac{1}{1500 e_i/h_0} \left(\frac{l_0}{h}\right)^2 \zeta_c = 1.08$$

故为大偏心受压，假定中和轴位于翼缘内，则：

$$x = N/\alpha_1 f_c b'_f = 474.20 \times 10^3/(1.0 \times 11.9 \times 400)$$

$$= 99.6\,\text{mm} < \zeta_b h_0 = 0.566 \times 865 = 489.6\,\text{mm}$$

且 $x >$，又 $a'_s = 800\,\text{mm}$，又 $x < h'_f = 150\,\text{mm}$。

故中和轴通过翼缘，

$$e = \eta e_i + h/2 - a'_s = 1.085 \times 907 + 900/2 - 40 = 1394.1\,\text{mm}$$

$$e = \frac{\eta M}{N} + \frac{h}{2} - a'_s + e = 1377\,\text{mm}$$

$$A_s = A'_s = \frac{Ne - \alpha_1 f_c b'_f x(h_0 - x/2)}{f_y(h_0 - a'_s)} = 897\,\text{mm}^2$$

② 垂直与弯矩作用平面承载力计算

$I_y = 1.65 \times 10^9\,\text{mm}^4$，　$i_y = \sqrt{I_y/A} = 95.7\,\text{mm}$，　$l_0 = 0.8 \times 10100 = 8080\,\text{mm}$

$l_0/i = 8080/95.7 = 84.43 > 28$，　$\varphi = 0.638$

$$N_u = 0.9 \varphi(f_c A + f'_y A'_s) = 0.9 \times 0.638 \times (11.9 \times 180000 + 300 \times 1126)$$

$$= 1423.9\,\text{kN} > N_{max} = 880.76\,\text{kN}$$

③ A 柱纵向钢筋的配置

由前计算结果：

上柱：$A_s = A'_s = 383\,\text{mm}^2$

下柱：$A_s = A'_s = 897\,\text{mm}^2$

综合考虑配筋：

上柱：$A_s = A'_s = 1256\,\text{mm}^2$，选 4$\oplus$18

下柱：$A_s = A'_s = 1256\,\text{mm}^2$，选 4$\oplus$18

2. 柱内箍筋

柱内箍筋由构造要求控制，上下柱均选用 $\phi 6$@200，柱端加密区取 $\phi 6$@100。

3. 牛腿设计

根据吊车梁支承位置，截面尺寸以及构造要求，初步拟定牛腿尺寸如图 5.42 所示，其中牛腿截面宽度为 $b = 400\,\text{mm}$，截面高度 $h = 600\,\text{mm}$，保护层厚度为 35\,mm。

（1）裂缝控制要求验算

作用于牛腿顶部按荷载效应标准组合计算的竖向力值

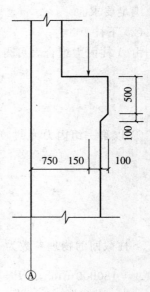

图 5.42　牛腿尺寸图

$$F_{vk} = \frac{D_{max}}{r_Q} + \frac{G_3}{f_G} = \frac{501.92}{1.4} + \frac{58.8}{1.2} = 408kN$$

作用于牛腿顶部按荷载效应标准组合计算的水平拉力值 $F_{vk} = 0$

$a = -150 + 1 = -130mm$，取 $a = 0$。

$$\beta \left(1 - 0.5\frac{F_{hk}}{F_{vk}}\right) \frac{f_{tk}bh_0}{0.5 + \frac{a}{h_0}} = 0.65 \times \frac{1.78 \times 400 \times 565}{0.5} = 523kN > F_{vk} = 408kN，满足要求。$$

（2）局部受压强度验算

取垫板尺寸为 $400mm \times 400mm$

$$\frac{F_{vk}}{A} = \frac{408 \times 10^3}{400 \times 400} = 2.55kN/mm^2 < 0.75f_c = 8.925N/mm^2，满足要求。$$

（3）牛腿配筋计算

因为 $a = -150 + 20 = -130mm < 0$，牛腿可按构造配筋，纵向取 $4\phi14$，箍筋取 $\phi8@100$，配筋图如图 5.43 所示。

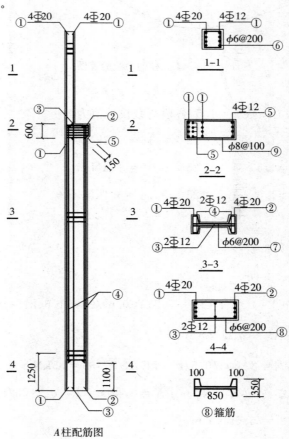

图 5.43　牛腿柱配筋图

4. 柱的吊装验算

采用翻身吊,吊点设在牛腿与下柱交接处,混凝土达到设计强度后起吊。计算简图如图 5.44 所示。

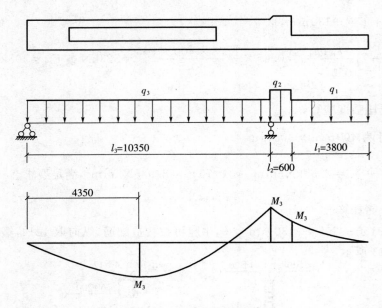

图 5.44　柱的吊装验算图

（1）荷载计算

自重线荷载考虑动力系数 $n = 1.5$,各段荷载设计值为

上柱:$q_1 = n\gamma_G g_{1k} = 1.5 \times 1.2 \times 25 \times 0.16 = 7.2 \text{kN/m}$

牛腿:$q_2 = n\gamma_G g_{2k} = 1.5 \times 1.2 \times 25 \times 0.40 = 18 \text{kN/m}$

下柱:$q_3 = n\gamma_G g_{3k} = 1.5 \times 1.2 \times 25 \times 0.18 = 8.1 \text{kN/m}$

（2）内力分析

$M_1 = q_1 l_1^2 / 2 = 7.2 \times 3.8^2 / 2 = 52 \text{kN} \cdot \text{m}$

$M_2 = q_1 (l_1 + l_2)^2 / 2 + (q^2 - 1_1) l_2^2 / 2$

$\quad = 7.2 \times (3.8 + 0.6)^2 / 2 + (18 - 7.2) \times 0.6^2 / 2 = 71.64 \text{kN} \cdot \text{m}$

由 $\sum M_B = R_A l_3 + M_2 - q_3 l_3^2 / 2 = 0$ 得

$R_A = q_3 l_3 / 2 - M_2 / l_3 = 8.1 \times 10.5 / 2 - 71.64 / 10.35 = 35 \text{kN}$

$M_3 = R_A x - q_3 x^2 / 2$,令 $dM_3 = R_A - q_3 X = 0$,得 $x = R_A / q_3 = 35 / 8.1 = 4.321 \text{m}$

$M_3 = R_A x - q_3 x^2 / 2 = 75.6 \text{kN} \cdot \text{m}$

（3）柱吊装验算

上柱:$M_u = f_y' A_s' (h_0 - a_s') = 300 \times 1256 \times (365 - 35) = 124.3 \text{kN} \cdot \text{m}$

$> \gamma_0 M_1 = 0.9 \times 52 = 46.8 \text{kN} \cdot \text{m}$，满足承载力要求。

$$\sigma_{sk} = M_s/(0.87 \times A_s \times h_0) = 52 \times 10^6/(0.87 \times 1256 \times 365) = 130.4 \text{MPa}$$

$$\psi = 1.1 - 0.65 f_{tk}/(\rho_{te}\sigma_{sk}) = 1.1 - 0.65 \times 1.78/(0.016 \times 130.4) = 0.544$$

$$\omega_{max} = \alpha_{cr}\psi\sigma_{sk}/E_s \times (1.9c + 0.08d_{ep}/\rho_{te}) = 2.1 \times 0.544 \times 130.4/(2.0 \times 10^5)$$

$$= 2.1 \times 0.544 \times 130.4/(2.0 \times 10^5) \times (1.9 \times 2.5 + 0.08 \times 20/0.016)$$

$$= 0.11 \text{mm} < [\omega_{max}] = 0.2 \text{mm}$$

满足裂缝宽度要求。

下柱：$M_u = f'_y A'_s(h_0 - a'_s) = 300 \times 1256 \times (865 - 35) = 311.25 \text{kN} \cdot \text{m}$

$> \gamma_0 M_3 = 0.9 \times 75.6 = 68.40 \text{kN} \cdot \text{m}$，满足承载力要求。

$$\sigma_{sk} = M_s/(0.87 \times A_s \times h_0) = 75.6 \times 10^6/(0.87 \times 1256 \times 865) = 80 \text{MPa}$$

$$\psi = 1.1 - 0.65 f_{tk}/(\rho_{te}\sigma_{sk}) = 1.1 - 0.65 \times 1.78/(0.01 \times 80) = -0.346 < 0.2，取 0.2$$

$$\omega_{max} = \alpha_{cr}\psi\sigma_{sk}/E_s \times (1.9c + 0.08d_{ep}/\rho_{te})$$

$$= 2.1 \times 0.544 \times 130.4/(2.0 \times 10^5) \times (1.9 \times 2.5 + 0.08 \times 20/0.01)$$

$$= 0.035 \text{mm} < [\omega_{max}] = 0.2 \text{mm}$$

满足裂缝宽度要求。

5.3.6　基础设计

以 A 柱基础为例，采用 C25 混凝土，HPB300 级钢筋。

1. 荷载计算

（1）选择三组最不利内力设计

表 5.11　基础设计的不利内力

组　　别	荷载效应基本组合			荷载效应标准组合		
	M	N	V	M	N	V
第一组	415.92	474.20	54.73	300.90	395.20	40.12
第二组	−345.78	507.73	−32.11	239.46	475.55	−23.29
第三组	324.54	880.76	43.06	232.51	685.59	27.28

注：以上 M 单位为 kN·m，N 单位为 kN，V 单位为 kN。

（2）每个基础承受的外墙总宽度为 6.0m，总高度为 15.7m，墙体为 240mm 厚（19kN/m³），玻璃窗重（0.45kN/m³），基础梁重量为 12.2N/ 根，每个基础承受的由墙体传来的重力荷载为：

240mm 厚砖墙：$19 \times 0.24 \times [6 \times 15.7 - (6.1 + 1.8) \times 4.0] = 285.5 \text{kN}$

塑钢窗：$0.45 \times (6.1 + 1.8) \times 4.0 = 14.22 \text{kN}$

基础梁:12.2kN

合计:标准值 $G_{wk} = 311.92$kN,设计值 $G_w = 311.92 \times 1.2 = 374.3$kN

设计值和标准值相对于基础底面中心线的偏心距为:

$$e_w = (2400 + 900)/2 = 570\text{mm}$$

(3) 作用于基底的弯矩和相应基础顶面的轴向力:

拟定基础高度: $h = h_1 + a_1 + 50\text{mm}$

柱的插入深度:由《建筑地基基础设计规范》可知插入深度 $h_1 = 0.9h = 810\text{mm} > 800\text{mm}$,取 $h_1 = 810\text{mm}$

杯底厚度: $a_1 \geqslant 200\text{mm}$,取 $a_1 = 300\text{mm}$

所以,基础高度: $h = 810 + 300 + 50 = 1160\text{mm}$

基础顶面标高为 -0.5m,基础埋深: $d = h + 500 = 1660\text{mm}$

以第三组为例,介绍计算方法:
作用于基底的弯矩和相应基底的轴向的设计值分别为

$M = 324.54 + 43.06 \times 1.16 - 374.3 \times 0.57 = 161.14\text{kN} \cdot \text{m}$

$N = 880.76 + 374.3 = 1255.06\text{kN}$

作用于基底的弯矩和相应基底的轴向的标准值分别为

$M_k = 232.51 + 27.28 \times 1.16 - 311.92 \times 0.57 = 86.36\text{kN} \cdot \text{m}$

$N_k = 658.59 + 311.92 = 997.51\text{kN}$

基础受力情况如图 5.45 所示。

2. 基础底面尺寸

(1) 基础底面尺寸确定(图 5.45)

以深度对地基承载力特征值进行修正

$f_a = f_{ak} + \eta_d \gamma_m (d - 0.5) = 160 + 1.6 \times 20 \times (1.66 - 0.5) = 197\text{kN/m}^2$

$A \geqslant \dfrac{N_{k,\max} + G_{wk}}{f_a - \gamma_m d} = \dfrac{995.7 + 311.92}{197 - 20 \times 1.66} = 7.98\text{m}^2$

考虑弯矩作用,适当放大, $A = ab = 3.8 \times 2.5 = 9.5\text{m}^2$,则

$$W = \frac{1}{6}a^2 b = \frac{1}{6} \times 3.8^2 \times 2.5 = 6.02\text{m}^3$$

(a 为基础长边, b 为基础短边)

基础自重和基础上的土重标准值为: $G_k = \gamma_m A d = 20 \times 9.5 \times 1.66 = 315.4\text{kN}$

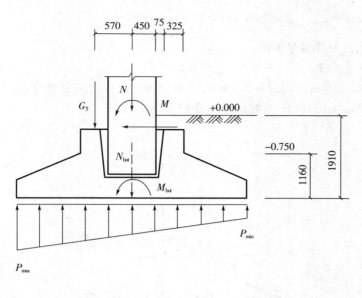

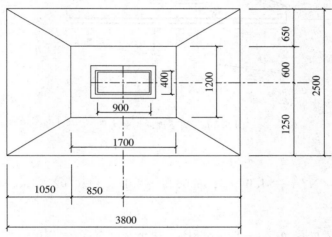

图 5.45　基础受力及尺寸确定

（2）偏心距：$e = M_k / (N_k + G_k) = 86.36 / (997.5 + 315.4)$

　　　　　　$= 0.066 \text{mm} < a/6 = 0.63 \text{mm}$，满足要求。

（3）荷载标准值作用下的基底应力验算

$$\left.\begin{array}{l} p_{k,\max} \\ \\ p_{k,\min} \end{array}\right\} = (N_k + G_k)/A \pm M_k/W = (997.51 + 315.4)/9.5 \pm 86.36/6.02$$

$$= 138.2 \pm 14.35 = \begin{cases} 152.55 \text{kPa} < 1.2 f_a = 236.4 \text{kPa} \\ \\ 123.85 \text{kPa} > 0 \end{cases}$$

$$p_{km} = (p_{k,max} + p_{k,min})/2 = 138.2kPa < f_a = 197kPa$$

验算表明,基底尺寸满足要求。

3. 冲切承载力验算

杯壁厚度: $t \geqslant 300mm$,取 $t = 325mm$,基础顶面突出柱边的宽度为 $t + 75mm = 400mm$;杯壁高度取 $h_2 = 400mm$,基础剖面尺寸如图 5.46 所示。

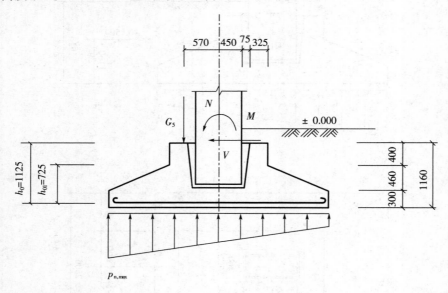

图 5.46 基础抗冲切受力图

(1) 地基净反力

$$p_{n,max} = N/A + M/W = 1255.06/9.5 + 161.14/6.02 = 158.88kPa$$

(2) 冲切力计算

计算冲切力时取 $p_n \approx p_{n,max} = 158.88kPa$。由于基础宽度 $b = 2.5m$,小于冲切锥体底边宽 $(b_1/2 + h_{01}) \times 2 = (0.6 + 0.725) \times 2 = 2.65m$

所以　　　　　　　　　$F_l = p_n A_1 = 158.88 \times 0.8125 = 129.09kN$

$$A_1 = (a/2 - a_1/2 - h_{01})b = (3.8/2 - 1.7/2 - 0.725) \times 2.5 = 0.8125m^2$$

(3) 变阶处的抗冲切力

$h_{01} = 725mm < 800mm$,取 $\beta_{hp} = 1.0, f_t = 1.1MPa$

抗冲切力

$$0.7\beta_{hp}f_t(b_1 + h_{01})h_{01} = 0.7 \times 1.0 \times 1100 \times (1.2 + 0.725) \times 0.725$$

$$= 1074.63kN > F_t = 129.09kN$$

因此,基础的高度和分阶满足要求。

4. 基础底板配筋计算

（1）沿长边方向的配筋计算。在荷载设计值的作用下，相应于柱边及变阶处的地基反力示意图如图 5.47 所示。

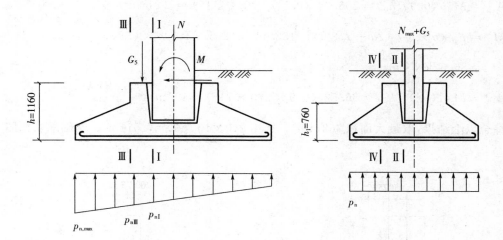

图 5.47　基础配筋计算图

$p_{n,max} = 158.88\text{kPa}$

$p_{nI} = N/A + M/W \times (0.45/1.9) = 1255.06/9.5 + 161.14/6.02 \times (0.45/1.9)$

$\qquad = 138.45\text{kPa}$

$p_{nⅢ} = N/A + M/W \times (0.85/1.9) = 144.09\text{kPa}$

$M_I = (p_{n,max} + p_{nI}) \times (a-a_c)^2(2b+b_c)/48$

$\qquad = (158.88 + 138.45) \times (3.8-0.9)^2 \times (2 \times 2.5 + 0.4) \times 1/48$

$\qquad = 281.31\text{kN} \cdot \text{m}$

（上式中 a_c，b_c 分别为柱的长短边）

$M_Ⅲ = p_{n,max} + p_{nI}) \times (a-a_1)^2(2b+b_1)/48 = 172.58\text{kN} \cdot \text{m}$

$A_{sI} = M_I/(0.9f_yh_0) = 281.31/(0.9 \times 270 \times 1115) = 1038\text{mm}^2$

$A_{sⅢ} = M_Ⅲ/(0.9f_yh_{01}) = 172.58/(0.9 \times 270 \times 715) = 993\text{mm}^2$

综合以上结果，取最大面积 1038mm^2。选用 $\phi12@100$，$A_s = 1131\text{mm}^2$。

（2）沿短边方向的配筋计算。在荷载设计值的作用下，均匀分布在地基净反力示意图如图 5.47 所示。

$p_{nm} = N/A = 1255.06/9.5 = 132.11\text{kPa}$

$$M_{\text{II}} = p_{\text{nm}}(b - b_c)^2(2a + a_c)/24 = 132.11 \times (2.5 - 0.4)^2 \times (2 \times 3.8 + 0.9)/24$$

$$= 206.34 \text{kN} \cdot \text{m}$$

$$A_{s\text{II}} = M_{\text{III}}/(0.9 f_y h_0) = 206.34/(0.9 \times 270 \times 1115) = 762 \text{mm}^2$$

$$M_{\text{IV}} = p_{\text{nm}}(b - b_c)^2(2a + a_c)/24 = 132.11 \times (2.5 - 1.2)^2 \times (2 \times 3.8 + 1.7)/24$$

$$= 86.52 \text{kN} \cdot \text{m}$$

$$A_{s\text{IV}} = M_{\text{IV}}/(0.9 f_y h_0) = 86.52/(0.9 \times 270 \times 715) = 498 \text{mm}^2$$

综合以上结果，取最大面积 762mm^2。选用 $\phi 10 @ 100$，$A_s = 785 \text{mm}^2$。基础配筋如图 5.48 所示。

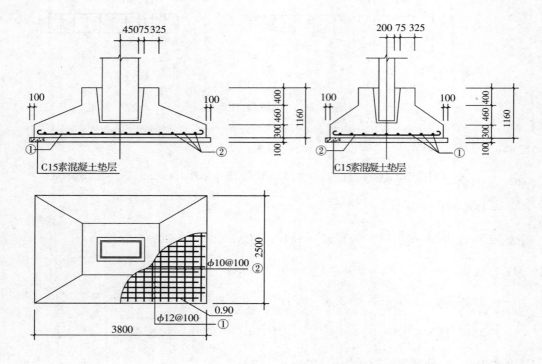

图 5.48　基础配筋图

附　表

附表1　双向板按弹性分析的计算系数表

符　号　说　明

表中　B_c——板的截面抗弯刚度，$B_C = \dfrac{Eh^3}{12(1-\nu^2)}$；

　　　E——弹性模量；

　　　h——板厚；

　　　ν——泊松比；

　　　f, f_{max}——分别为板中心点的挠度和最大挠度系数；

　　　$m_x, m_{x\,max}$——分别为平行于 l_x 方向板中心点单位板宽内的弯矩和板跨内最大弯矩系数；

　　　$m_y, m_{y\,max}$——分别为平行于 l_y 方向板中心点单位板宽内的弯矩和板跨内最大弯矩系数；

　　　m_x——固定边中点沿 l_x 方向单位板宽内的弯矩系数；

　　　m_y——固定边中点沿 l_y 乙方向单位板宽内的弯矩系数；

　　　╱╱╱╱╱　——表示固定边；

　　　———　——表示简支边。

正负号的规定：

　　弯矩——使板的受荷面受压时为正；

　　挠度——竖向位移与荷载方向相同时为正。

　　挠度＝表中系数$\times ql^4/B_c$，

　　$\nu=0$，弯矩＝表中系数$\times ql^2$，

式中 l 取用 l_x 和 l_y 中的较小值。

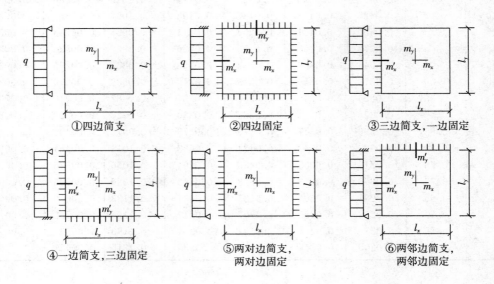

①四边简支　　②四边固定　　③三边简支，一边固定

④一边简支，三边固定　　⑤两对边简支，两对边固定　　⑥两邻边简支，两邻边固定

①四边简支

l_x/l_y	m_x	m_y	f	l_x/l_y	m_x	m_y	f
0.50	0.0965	0.0174	0.01013	0.80	0.0561	0.0334	0.00603
0.55	0.0892	0.0210	0.00940	0.85	0.0506	0.0348	0.00547
0.60	0.0820	0.0242	0.00867	0.90	0.0456	0.0358	0.00496
0.65	0.0750	0.0271	0.00796	0.95	0.0410	0.0364	0.00449
0.70	0.0683	0.0296	0.00727	1.00	0.0368	0.0368	0.00406
0.75	0.0620	0.0317	0.00663				

②四边固定

l_x/l_y	m_x	m_y	m_x'	m_y'	f
0.50	0.0400	0.0038	−0.0829	−0.0570	0.00253
0.55	0.0385	0.0056	−0.0814	−0.0571	0.00246
0.60	0.0367	0.0076	−0.0793	−0.0571	0.00236
0.65	0.0345	0.0095	−0.0766	−0.0571	0.00224
0.70	0.0321	0.0113	−0.0735	−0.0569	0.00211
0.75	0.0296	0.0130	−0.0701	−0.0565	0.00197
0.80	0.0271	0.0144	−0.0664	−0.0559	0.00182
0.85	0.0246	0.0156	−0.0626	−0.0551	0.00168
0.90	0.0221	0.0165	−0.0588	−0.0541	0.00153
0.95	0.0198	0.0172	−0.0550	−0.0528	0.00140
1.00	0.0176	0.0176	−0.0513	−0.0513	0.00127

③三边简支,一边固定

l_x/l_y	l_y/l_x	m_x	$m_{x,\max}$	m_y	$m_{y,\max}$	m_x'	f	$f_{\max}$
0.50		0.0583	0.0646	0.0060	0.0063	−0.1212	0.00488	0.00504
0.55		0.0563	0.0618	0.0081	0.0087	−0.1187	0.00471	0.00492
0.60		0.0539	0.0589	0.0104	0.0111	−0.1158	0.00453	0.00472
0.65		0.0513	0.0559	0.0126	0.0133	−0.1124	0.00432	0.00448
0.70		0.0485	0.0529	0.0148	0.0154	−0.1087	0.00410	0.00422
0.75		0.0457	0.0496	0.0168	0.0174	−0.1048	0.00388	0.00399
0.80		0.0428	0.0463	0.0187	0.0193	−0.1007	0.00365	0.00376
0.85		0.0400	0.0431	0.0204	0.0211	−0.0965	0.00343	0.00352
0.90		0.0372	0.0400	0.0219	0.0226	−0.0922	0.00321	0.00329
0.95		0.0345	0.0369	0.0232	0.0239	−0.0880	0.00299	0.00306
1.00	1.00	0.0319	0.0340	0.0243	0.0249	−0.0839	0.00279	0.00285
	0.95	0.0324	0.0345	0.0280	0.0287	−0.0882	0.00316	0.00324
	0.90	0.0328	0.0347	0.0322	0.0330	−0.0926	0.00360	0.00368
	0.85	0.0329	0.0347	0.0370	0.0378	−0.0970	0.00409	0.00417
	0.80	0.0326	0.0343	0.0424	0.0433	−0.1014	0.00464	0.00473
	0.75	0.0319	0.0335	0.0485	0.0494	−0.1056	0.00526	0.00536
	0.70	0.0308	0.0323	0.0553	0.0562	−0.1096	0.00595	0.00605
	0.65	0.0291	0.0306	0.0627	0.0637	−0.1133	0.00670	0.00680
	0.60	0.0268	0.0289	0.0707	0.0717	−0.1166	0.00752	0.00762
	0.55	0.0239	0.0271	0.0792	0.0801	−0.1193	0.00838	0.00848
	0.50	0.0205	0.0249	0.0880	0.0888	−0.1215	0.00927	0.00935

④一边简支,三边固定

l_x/l_y	l_y/l_x	m_x	$m_{x,max}$	m_y	$m_{y,max}$	m_x'	m_y'	f	f_{max}
0.50		0.0408	0.0409	0.0028	0.0089	−0.0836	−0.0569	0.00257	0.00258
0.55		0.0398	0.0399	0.0042	0.0093	−0.0827	−0.0570	0.00252	0.00255
0.60		0.0384	0.0386	0.0059	0.0105	−0.0814	−0.0571	0.00245	0.00249
0.65		0.0368	0.0371	0.0076	0.0116	−0.0796	−0.0572	0.00237	0.00240
0.70		0.0350	0.0354	0.0093	0.0127	−0.0774	−0.0572	0.00227	0.00229
0.75		0.0331	0.0335	0.0109	0.0137	−0.0750	−0.0572	0.00216	0.00219
0.80		0.0310	0.0314	0.0124	0.0147	−0.0722	−0.0570	0.00205	0.00208
0.85		0.0289	0.0293	0.0138	0.0155	−0.0693	−0.0567	0.00193	0.00196
0.90		0.0268	0.0273	0.0159	0.0163	−0.0663	−0.0563	0.00181	0.00184
0.95		0.0247	0.0252	0.0160	0.0172	−0.0631	−0.0558	0.00169	0.00172
1.00	1.00	0.0227	0.0231	0.0168	0.0180	−0.0600	−0.0500	0.00157	0.00160
	0.95	0.0229	0.0234	0.0194	0.0207	−0.0629	−0.0599	0.00178	0.00182
	0.90	0.0228	0.0234	0.0223	0.0238	−0.0656	−0.0653	0.00201	0.00206
	0.85	0.0225	0.0231	0.0255	0.0273	−0.0683	−0.0711	0.00227	0.00233
	0.80	0.0219	0.0224	0.0290	0.0311	−0.0707	−0.0772	0.00256	0.00262
	0.75	0.0208	0.0214	0.0329	0.0354	−0.0729	−0.0837	0.00286	0.00294
	0.70	0.0194	0.0200	0.0370	0.0400	−0.0748	−0.0903	0.00319	0.00327
	0.65	0.0175	0.0182	0.0412	0.0446	−0.0762	−0.0970	0.00352	0.00365
	0.60	0.0153	0.0160	0.0454	0.0493	−0.0773	−0.1033	0.00386	0.00403
	0.55	0.0127	0.0133	0.0496	0.0541	−0.0780	−0.1093	0.00419	0.00437
	0.50	0.0099	0.0103	0.0534	0.0588	−0.0784	−0.1146	0.00449	0.00463

⑤两对边简支,两对边固定

l_x/l_y	l_y/l_x	m_x	m_y	m_x'	f
0.50		0.0416	0.0017	−0.0843	0.00261
0.55		0.0410	0.0028	−0.0840	0.00259
0.60		0.0402	0.0042	−0.0834	0.00255
0.65		0.0392	0.0057	−0.0826	0.00250
0.70		0.0379	0.0072	−0.0814	0.00243
0.75		0.0366	0.0088	−0.0799	0.00236
0.80		0.0351	0.0103	−0.0782	0.00228
0.85		0.0335	0.0118	−0.0763	0.00220
0.90		0.0319	0.0133	−0.0743	0.00211
0.95		0.0302	0.0146	−0.0721	0.00201
1.00	1.00	0.0285	0.0158	−0.0698	0.00192
	0.95	0.0296	0.0189	−0.0746	0.00223
	0.90	0.0306	0.0224	−0.0797	0.00260
	0.85	0.0314	0.0256	−0.0850	0.00303
	0.80	0.0319	0.0316	−0.0904	0.00354
	0.75	0.0321	0.0374	−0.0959	0.00413
	0.70	0.0318	0.0441	−0.1013	0.00482
	0.65	0.0308	0.0518	−0.1066	0.00560
	0.60	0.0292	0.0604	−0.1114	0.00647
	0.55	0.0267	0.0698	−0.1156	0.00743
	0.50	0.0234	0.0798	−0.1191	0.00844

⑥两邻边简支,两邻边固定 　　　　　　　　　　　　　　　　　　　附表1-6

l_x/l_y	m_x	$m_{x,\max}$	m_y	$m_{y,\max}$	m_x'	m_y'	f	$f_{\max}$
0.50	0.0559	0.0562	0.0079	0.0135	−0.1179	−0.0786	0.00468	0.00471
0.55	0.0529	0.0530	0.0104	0.0153	−0.1140	−0.0785	0.00445	0.00454
0.60	0.0496	0.0498	0.0129	0.0169	−0.1095	−0.0782	0.00419	0.00429
0.65	0.0461	0.0465	0.0151	0.0183	−0.1045	−0.0777	0.00391	0.00399

附表2　等截面等跨连续梁在常用荷载作用下的内力系数表

1. 在均布及三角形荷载作用下：$M=$ 表中系数 $\times Pl^2$；
   　　　　　　　　　　　　　　$V=$ 表中系数 $\times Pl$；
2. 在集中荷载作用下：　　　　　$M=$ 表中系数 $\times Pl$；
   　　　　　　　　　　　　　　$V=$ 表中系数 $\times P$；
3. 内力正负号规定：　　　　　　M——使截面上部受压、下部受拉为正；
   　　　　　　　　　　　　　　V——对邻近截面所产生的力矩沿顺时针方向者为正。

两　跨　梁　　　　　　　　　　　　　　　　附表2-1

荷载图	跨内最大弯矩		支座弯矩	剪　力		
	M_1	M_2	M_B	V_A	V_{Bz} V_{By}	V_C
	0.070	0.0703	−0.125	0.375	−0.625 0.625	−0.375
	0.096	—	−0.063	0.437	−0.563 0.063	0.063
	0.048	0.048	−0.078	0.172	−0.328 0.328	−0.172
	0.064	—	−0.039	0.211	−0.289 0.039	0.039
	0.156	0.156	−0.188	0.312	−0.688 0.688	−0.312
	0.203	—	−0.094	0.406	−0.594 0.094	0.094
	0.222	0.222	−0.333	0.667	−0.1333 1.333	−0.667
	0.278	—	−0.167	0.833	−1.167 0.167	0.167

三　跨　梁　　　　　　　　　　附表 2 - 2

荷载图	跨内最大弯矩		支座弯矩		剪　力			
	M_1	M_2	M_B	M_C	V_A	V_{Bz} V_{By}	V_{Cz} V_{Cy}	V_D
	0.080	0.025	−0.100	−0.100	0.400	−0.600 −0.500	−0.500 0.600	0.400
	0.101	—	−0.050	−0.050	0.450	0.550 0	0 0.050	−0.450
	—	0.075	−0.050	−0.050	0.050	−0.050 0.500	−0.500 0.050	0.050
	0.073	0.054	−0.117	−0.033	0.383	−0.617 0.583	−0.417 0.033	0.033
	0.094	—	−0.067	0.017	0.433	−0.567 0.083	0.083 −0.017	−0.017
	0.054	0.021	−0.063	−0.063	0.183	−0.313 0.250	−0.250 0.313	−0.188
	0.068	—	−0.031	−0.031	0.219	−0.281 0	0 0.281	−0.219
	—	0.052	−0.031	−0.031	0.031	−0.031 0.250	−0.250 0.031	0.031
	0.050	0.038	−0.073	−0.021	0.177	−0.323 0.302	−0.198 0.021	0.021
	0.063	—	−0.042	0.010	0.208	−0.292 0.052	0.052 −0.010	−0.010

荷载图	跨内最大弯矩		支座弯矩		剪　　力			
	M_1	M_2	M_B	M_C	V_A	V_{Bz} V_{By}	V_{Cz} V_{Cy}	V_D
	0.175	0.100	−0.150	−0.150	0.350	−0.650 0.500	−0.500 0.650	−0.350
	0.213	—	−0.075	−0.075	0.425	−0.575 0	0 0.575	0.425
	—	0.175	−0.075	−0.075	−0.075	−0.075 −0.500	−0.500 0.075	0.075
	0.162	0.137	−0.175	0.050	0.325	−0.675 0.625	−0.375 0.050	0.050
	0.200	—	0.010	0.025	0.400	−0.600 0.125	0.125 −0.025	−0.025
	0.244	0.067	−0.267	0.267	0.733	−1.267 1.000	−1.000 1.267	−0.733
	0.289	—	0.133	−0.133	0.866	−1.134 0	0 1.134	−0.866
	—	0.200	−0.133	0.133	−0.133	−0.133 1.000	−1.000 0.133	0.133
	0.229	0.170	−0.311	−0.089	0.689	−1.311 1.222	−0.778 0.089	0.089
	0.274	—	0.178	0.044	0.822	−1.178 0.222	0.222 −0.044	−0.044

附表 2-3

四　跨　梁

荷载图	跨内最大弯矩				支座弯矩			剪　力				
	M_1	M_2	M_3	M_4	M_B	M_C	M_D	V_A	$V_{B左}$ / $V_{B右}$	$V_{C左}$ / $V_{C右}$	$V_{D左}$ / $V_{D右}$	V_E
	0.077	0.036	0.036	0.077	−0.107	−0.071	−0.107	−0.393	−0.607 / 0.536	0.464 / 0.464	−0.536 / −0.607	−0.393
	0.100	—	0.081	—	−0.054	−0.036	−0.054	0.446	−0.554 / 0.018	0.018 / 0.482	0.518 / 0.054	0.054
	0.072	0.061	—	0.098	−0.121	−0.018	−0.058	0.380	−0.620 / 0.603	−0.397 / −0.040	0.040 / 0.558	−0.442
	—	0.056	0.056	—	−0.036	−0.107	−0.036	−0.036	−0.036 / 0.429	−0.571 / 0.571	0.429 / 0.036	0.036
	0.094	—	—	—	−0.067	−0.018	−0.004	0.433	−0.567 / 0.085	0.085 / −0.022	0.022 / 0.004	0.004
	—	0.071	—	—	−0.049	−0.054	−0.013	−0.049	0.049 / 0.496	−0.504 / 0.067	0.067 / 0.013	0.013
	0.052	0.028	0.028	0.052	−0.067	−0.045	−0.067	0.183	−0.317 / 0.272	−0.228 / −0.228	−0.272 / 0.317	−0.183
	0.067	—	0.055	—	0.034	−0.022	−0.034	0.217	−0.284 / 0.011	0.011 / 0.239	−0.261 / 0.034	0.034

（续表）

荷载图	跨内最大弯矩 M₁	M₂	M₃	M₄	支座弯矩 M_B	M_C	M_D	剪力 V_A	V_Bx / V_By	V_Cx / V_Cy	V_Dx / V_Dy	V_E
	0.049	0.042	—	0.066	−0.075	−0.011	−0.036	0.175	−0.325 / 0.314	−0.186 / −0.025	−0.025 / 0.286	−0.214
	—	0.040	0.040	—	−0.022	−0.067	−0.022	−0.022	−0.022 / 0.205	−0.295 / −0.295	0.205 / −0.022	0.022
	0.063	0.051	—	—	−0.042	0.011	−0.003	0.208	−0.292 / 0.053	0.053 / −0.014	0.014 / 0.003	0.003
	—	—	—	—	−0.031	−0.034	0.008	−0.031	−0.031 / 0.247	−0.253 / 0.042	0.042 / −0.008	−0.008
	0.169	0.116	0.116	0.169	−0.161	−0.107	−0.161	0.339	−0.661 / 0.554	−0.446 / 0.446	0.554 / 0.661	0.339
	0.210	—	0.183	—	0.080	−0.054	−0.080	0.420	−0.580 / 0.027	0.027 / 0.473	−0.527 / 0.080	0.080
	0.159	0.146	—	0.206	−0.181	−0.027	−0.087	0.319	−0.681 / 0.654	−0.346 / −0.060	0.060 / 0.587	−0.143
	—	0.142	0.142	—	0.054	−0.161	−0.054	0.054	−0.054 / 0.393	−0.607 / 0.607	−0.393 / 0.054	0.054

（续表）

荷载图	跨内最大弯矩				支座弯矩			剪　力				
	M_1	M_2	M_3	M_4	M_B	M_C	M_D	V_A	V_{Bz} / V_{By}	V_{Cz} / V_{Cy}	V_{Dz} / V_{Dy}	V_E
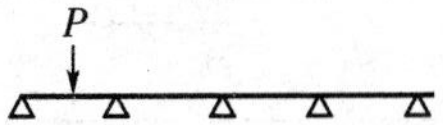 （荷载图1）	0.200	—	—	—	−0.100	0.027	−0.007	0.400	−0.600 / 0.127	0.127 / −0.033	−0.033 / 0.007	0.007
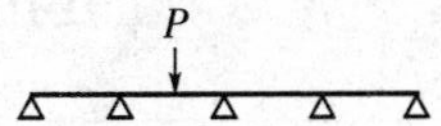 （荷载图2）	—	0.173	—	—	−0.074	−0.080	0.020	0.074	−0.074 / 0.493	−0.507 / 0.100	0.100 / −0.020	−0.020
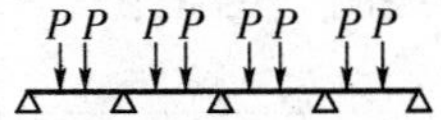 （荷载图3）	0.238	0.111	0.111	0.238	−0.286	−0.191	−0.286	0.714	1.286 / 1.095	−0.905 / 0.905	−1.095 / 1.286	−0.714
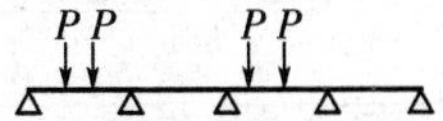 （荷载图4）	0.286	—	0.222	—	−0.143	−0.095	−0.143	0.857	−1.143 / 0.048	0.048 / 0.952	−1.048 / 0.143	0.143
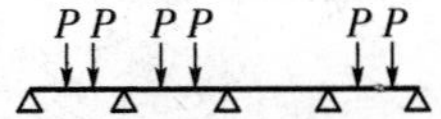 （荷载图5）	0.226	0.194	—	0.282	−0.331	−0.048	−0.155	0.679	−1.321 / 1.274	−0.726 / −0.107	−0.107 / 1.155	−0.845
 （荷载图6）	—	0.175	0.175	—	−0.095	−0.286	−0.095	−0.095	0.095 / 0.810	−1.190 / 1.190	−0.810 / 0.095	−0.095
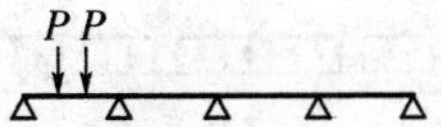 （荷载图7）	0.274	—	—	—	−0.178	0.048	−0.012	0.822	−1.178 / 0.226	0.226 / −0.060	−0.060 / 0.012	0.012
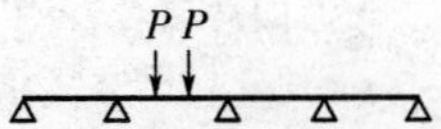 （荷载图8）	—	0.198	—	—	−0.131	−0.143	0.036	−0.131	−0.131 / 0.988	−1.012 / 0.178	0.178 / −0.036	−0.036

五跨梁

附表 2－4

荷载图	跨内最大弯矩			支座弯矩			剪　力					
	M_1	M_2	M_3	M_B	M_C	M_D	V_A	V_{Bx} / V_{By}	V_{Cx} / V_{Cy}	V_{Dx} / V_{Dy}	V_{Ex} / V_{Ey}	V_F
(荷载图 A B C D E F)	0.078	0.033	0.046	−0.105	−0.079	−0.079	0.394	−0.606 / 0.526	−0.474 / 0.500	−0.500 / 0.474	−0.526 / 0.606	−0.394
(荷载图)	0.100	—	0.085	−0.053	−0.040	−0.040	0.447	−0.553 / 0.013	0.013 / 0.500	−0.500 / 0.013	−0.013 / 0.553	0.447
(荷载图)	—	0.079	—	−0.053	−0.040	−0.040	−0.053	−0.053 / 0.513	−0.487 / 0.487	0 / 0.487	−0.513 / 0.053	0.053
(荷载图)	0.073	②0.059 / 0.078	—	−0.119	−0.022	−0.044	0.380	−0.620 / 0.598	−0.402 / 0.023	−0.023 / 0.493	−0.507 / 0.052	0.052
(荷载图)	①— / 0.098	0.055	0.064	−0.035	−0.111	−0.020	0.035	0.035 / 0.424	0.576 / 0.591	−0.409 / 0.037	−0.037 / 0.557	0.443
(荷载图)	0.094	—	—	−0.067	0.018	−0.005	0.433	0.567 / 0.085	0.085 / 0.023	0.023 / 0.006	0.006 / −0.001	0.001
(荷载图)	—	0.074	—	−0.049	−0.054	−0.014	0.019	−0.049 / 0.495	−0.505 / 0.068	0.068 / −0.018	−0.018 / 0.004	0.004
(荷载图)	—	—	0.072	−0.013	0.053	−0.053	0.013	0.013 / −0.066	−0.066 / 0.500	−0.500 / 0.066	0.066 / −0.013	0.013

（续表）

荷载图	M_1	M_2	M_3	M_B	M_C	M_D	M_B	V_A	V_{Bx} / V_{By}	V_{Cx} / V_{Cy}	V_{Dx} / V_{Dy}	V_{Ex} / V_{Ey}	V_F
	0.053	0.026	0.034	−0.066	−0.049	0.049	−0.066	0.184	−0.316 / 0.266	−0.234 / 0.250	−0.250 / 0.234	−0.266 / 0.316	0.184
	0.067	—	0.059	−0.033	−0.025	−0.025	0.033	0.217	0.283 / 0.008	0.008 / 0.250	−0.250 / −0.008	−0.008 / 0.283	0.217
	—	0.055	—	−0.033	−0.025	−0.025	−0.033	0.033	−0.033 / 0.258	−0.242 / 0	0 / 0.242	−0.258 / 0.033	0.033
	0.049	②0.041 / 0.053	—	−0.075	−0.014	−0.028	−0.032	0.175	0.325 / 0.311	−0.189 / −0.014	−0.014 / 0.246	−0.255 / 0.032	0.032
	① — / −0.066	0.039	0.044	−0.022	−0.070	−0.013	−0.036	−0.022	−0.022 / 0.202	−0.298 / 0.307	−0.193 / −0.023	−0.023 / 0.286	−0.214
	0.063	—	—	−0.042	0.011	−0.003	0.001	0.208	−0.292 / 0.053	0.053 / −0.014	−0.014 / −0.004	0.004 / −0.001	−0.001
	—	0.051	—	−0.031	−0.034	0.009	−0.002	−0.031	−0.031 / 0.247	−0.253 / 0.043	0.043 / −0.011	−0.011 / 0.002	0.002
	—	—	0.050	0.008	−0.033	−0.033	0.008	0.008	0.008 / −0.041	−0.041 / 0.250	−0.250 / 0.041	0.041 / −0.008	−0.008

跨内最大弯矩　支座弯矩　剪力

（续表）

荷载图	跨内最大弯矩			支座弯矩				剪力					
	M_1	M_2	M_3	M_B	M_C	M_D	M_B	V_A	V_B / V_{By}	V_C / V_{Cy}	V_D / V_{Dy}	V_E / V_{Ey}	V_F
	0.171	0.112	0.132	-0.158	-0.118	0.118	-0.158	0.342	-0.658 / 0.540	-0.460 / 0.500	-0.500 / 0.460	-0.540 / 0.658	-0.342
	0.211	—	0.191	-0.079	-0.059	-0.059	-0.079	-0.421	-0.579 / 0.020	0.020 / 0.500	-0.500 / -0.020	-0.020 / 0.579	-0.421
	—	0.181	—	-0.079	-0.059	-0.059	-0.079	-0.079	-0.079 / 0.520	0.480 / 0	0 / 0.480	-0.520 / 0.079	0.079
	0.160	②0.144 / 0.178	—	-0.179	-0.032	-0.066	-0.077	0.321	-0.679 / 0.647	-0.353 / -0.034	-0.034 / 0.489	-0.511 / 0.077	0.077
	① — / 0.207	0.140	0.151	-0.052	-0.167	-0.031	-0.086	-0.052	-0.052 / 0.385	-0.615 / 0.637	-0.363 / -0.056	-0.056 / 0.586	-0.414
	0.200	—	—	-0.100	0.027	-0.007	0.002	0.400	-0.600 / 0.127	0.127 / -0.031	-0.034 / 0.009	0.009 / -0.002	-0.002
	—	0.173	—	-0.073	-0.081	0.022	-0.005	-0.073	-0.073 / 0.493	-0.507 / 0.102	0.102 / -0.027	0.027 / -0.005	0.005
	—	—	0.171	0.020	-0.079	-0.079	0.020	0.020	0.020 / -0.099	-0.099 / 0.500	-0.500 / 0.099	0.099 / -0.020	-0.020

（续表）

荷载图	跨内最大弯矩			支座弯矩				剪　力					
	M_1	M_2	M_3	M_B	M_C	M_D	M_B	V_A	V_{Bx} / V_{By}	V_{Cx} / V_{Cy}	V_{Dx} / V_{Dy}	V_{Ex} / V_{Ey}	V_F
（荷载图）	0.240	0.100	0.122	−0.281	−0.211	0.211	−0.281	0.719	−1.281 / 1.070	−0.930 / 1.000	−1.000 / 0.930	1.070 / 1.281	−0.719
（荷载图）	0.287	—	0.228	−0.140	−0.105	−0.105	−0.140	0.860	−0.140 / 0.035	0.035 / 1.000	1.000 / −0.035	−0.035 / 1.140	−0.860
（荷载图）	—	0.216	—	−0.140	−0.105	−0.105	−0.140	−0.140	−0.140 / 1.035	−0.965 / 0	0 / 0.965	−1.035 / 0.140	0.140
（荷载图）	0.227	②0.189 / 0.209	—	−0.319	−0.057	−0.118	−0.137	0.681	−1.319 / 1.262	−0.738 / −0.061	−0.061 / 0.981	−1.019 / 0.137	0.137
（荷载图）	①— / 0.282	0.172	0.198	−0.093	−0.297	−0.054	−0.153	−0.093	−0.093 / 0.796	−1.204 / 1.243	−0.757 / −0.099	−0.099 / 1.153	−0.847
（荷载图）	0.247	—	—	−0.179	0.048	−0.013	0.003	0.821	−0.179 / 0.227	0.227 / −0.061	−0.061 / 0.016	0.016 / −0.003	−0.003
（荷载图）	—	0.198	—	−0.131	−0.144	−0.038	−0.010	−0.131	−0.131 / 0.987	−1.013 / 0.182	−0.182 / 0.048	−0.048 / 0.010	0.010
（荷载图）	—	—	0.193	0.035	−0.140	−0.140	0.035	−0.035	0.035 / −0.175	−0.175 / 1.000	−1.000 / 0.175	0.175 / −0.035	−0.035

注:表中,① 分子及分母分别为 M_1 及 M_5 的弯矩系数;② 分子及分母分别为 M_2 及 M_4 的弯矩系数。

附表 3　单阶变截面柱的柱顶位移系数 C_0 和反力系数$(C_1 \sim C_{11})$

序号	简图	R	$C_0 \sim C_5$	序号	简图	R	$C_6 \sim C_{11}$
0			$\delta = \dfrac{H^3}{C_0 E I_l}$ $C_0 = \dfrac{3}{1+\lambda^3\left(\dfrac{1}{n}-1\right)}$	6		TC_6	$C_6 = \dfrac{1-0.5\lambda(3-\lambda^2)}{1+\lambda^3\left(\dfrac{1}{n}-1\right)}$
1		$\dfrac{M}{H}C_1$	$C_1 = \dfrac{3}{2}\dfrac{1-\lambda^2\left(1-\dfrac{1}{n}\right)}{1+\lambda^3\left(\dfrac{1}{n}-1\right)}$	7		TC_7	$C_7 = \dfrac{b^2(1-\lambda)^2\left[3-b(1-\lambda)\right]}{2\left[1+\lambda^3\left(\dfrac{1}{n}-1\right)\right]}$
2		$\dfrac{M}{H}C_2$	$C_2 = \dfrac{3}{2}\dfrac{1+\lambda^2\left(\dfrac{1-a^2}{n}-1\right)}{1+\lambda^3\left(\dfrac{1}{n}-1\right)}$	8		qHC_8	$C_8 = \left\{\dfrac{a^4}{n}\lambda^4 - \left(\dfrac{1}{n}-1\right)\right.$ $\left.(6a-8)a\lambda^4 - a\lambda(6a\lambda-8)\right\}$ $\div 8\left[1+\lambda^3\left(\dfrac{1}{n}-1\right)\right]$
3		$\dfrac{M}{H}C_3$	$C_3 = \dfrac{3}{2}\dfrac{1-\lambda^2}{1+\lambda^3\left(\dfrac{1}{n}-1\right)}$	9		qHC_9	$C_9 = \dfrac{8\lambda-6\lambda^2+4\lambda\left(\dfrac{3}{n}-2\right)}{8\left[1+\lambda^3\left(\dfrac{1}{n}-1\right)\right]}$
4		$\dfrac{M}{H}C_4$	$C_4 = \dfrac{3}{2}\dfrac{2b(1-\lambda)-b^2(1-\lambda)^2}{1+\lambda^3\left(\dfrac{1}{n}-1\right)}$	10		qHC_{10}	$C_{10} = \left\{3-b^3(1-\lambda)^3\right.$ $\left[4-b(1-\lambda)\right]+3\lambda^4$ $\left.\left(\dfrac{1}{n}-1\right)\right\}\div 8\left[1+\lambda^3\right.$ $\left.\left(\dfrac{1}{n}-1\right)\right]$
5		TC_5	$C_5 = \left\{2-3a\lambda+\lambda^3\right.$ $\left[\dfrac{(2+a)(1-a)^2}{n}-(2-3a)\right]\right\}$ $\div 2\left[1+\lambda^3\left(\dfrac{1}{n}-1\right)\right]$	11		qHC_{11}	$C_{11} = \dfrac{3\left[1+\lambda^4\left(\dfrac{1}{n}-1\right)\right]}{8\left[1+\lambda^3\left(\dfrac{1}{n}-1\right)\right]}$

注：表中 $n = I_u/I_l$，$\lambda = H_u/H$，$1-\lambda = H_l/H$。

参 考 文 献

［1］中国建筑标准设计研究所. 现行建筑设计规范大全. 北京:中国建筑工业出版社,2004.

［2］蔡镇钰. 建筑设计资料集. 北京:中国建筑工业出版社,1995.

［3］崔艳秋,姜丽荣. 房屋建筑学课程设计指导. 北京:中国建筑工业出版社,1999.

［4］吴奕良. 中国八五新住宅设计方案选. 北京:中国建筑工业出版社,1993.

［5］沈蒲生,梁兴文.混凝土结构设计(第4版).北京:高等教育出版社,2012.

［6］叶列平.混凝土结构(上).北京:清华大学出版社,2012.

［7］陈希哲,叶青.土力学地基基础(第5版).北京:清华大学出版社,2013.

［8］滕智明.混凝土结构及砌体结构(上册)(第2版).北京:中国建筑工业出版社,2003.

［9］田稳苓.高层建筑混凝土结构设计.北京:中国建材工业出版社,2005.

［10］彭少民.混凝土结构(下册).武汉:武汉理工大学出版社,2004.

［11］周俐俐.钢筋混凝土及砌体结构设计指南. 北京:中国水利水电出版社,2006.

［12］超星数字服务平台建筑科学部分电子图书.

［13］东南大学,天津大学,同济大学.混凝土结构设计原理(上册)(第五版).北京:中国建筑工业出版社,2013.